Renske Jonkman

Vom Glück, mit dem Wind zu leben

Renske Jonkman

VOM GLÜCK, MIT DEM WIND ZU LEBEN

Aus dem Niederländischen von Barbara Heller
Mit zehn farbigen Abbildungen

MALIK

Mehr über unsere Autorinnen, Autoren und Bücher:
www.malik.de

Wenn Ihnen dieses Buch gefallen hat, schreiben Sie uns unter Nennung des Titels »Vom Glück, mit dem Wind zu leben« an *empfehlungen@piper.de*, und wir empfehlen Ihnen gerne vergleichbare Bücher.

ISBN 978-3-89029-581-7
2. Auflage 2025

Titel der niederländischen Originalausgabe: »Uitwaaien: lofzang op ons vlakke land«, bei Nijgh & Van Ditmar, Amsterdam 2023

Georgenstraße 4, 80799 München, *www.piper.de*
Für einen direkten Kontakt und Fragen zum Produkt wenden Sie sich bitte an: *info@piper.de*
Fotos im Bildteil und auf dem Vor- und Nachsatz: Loek Buter (Vorsatz: Kopfweide am Poldergraben bei Schermer; Nachsatz: Weißdornbaum am Westfriesischen Ringdeich bei Sint Maarten)
Satz: Uhl+Massopust GmbH, Aalen
Gesetzt aus der Adobe Garamond und der Brandon Grotesque
Litho: Lorenz & Zeller, Inning am Ammersee
Druck und Bindung: GGP Media GmbH, Pößneck
Printed in Germany

Das Schicksal (...) spielt die Rolle des Windes, indem [es] uns schnell weit fördert, oder weit zurückwirft; wogegen unser eigenes Mühen und Treiben nur wenig vermag.

Arthur Schopenhauer

Vorwort

Ich hatte vergessen, wie heftig der Wind hier weht.

Im Winter 2015 luden wir unseren Hausrat in den Viehtransporter meiner Schwiegereltern, verließen Amsterdam und zogen mit der Familie aufs flache Land Nordhollands, in einen alten Bauernhof, mit einem Zwischenmietvertrag über ein Jahr. Acht Jahre später wohnen wir immer noch hier.

Das ländliche Holland und insbesondere das zwischen Nordsee und Ijsselmeer gelegene Westfriesland, wo ich aufgewachsen und wohin ich nach zehn Jahren wieder zurückgekehrt bin, liegt mehrere Meter unter dem Meeresspiegel und ist so flach, dass der Wind hier freies Spiel hat. Flach ist es deshalb, weil das Gebiet einst der Boden eines Binnenmeers war. Bei Springflut drang das Wasser bis weit auf die Halbinsel vor und überschwemmte die sumpfigen Felder. Der Polder, in dem ich wohne, entstand vor vierhundert Jahren, als die

Seen und Binnenmeere trockengelegt wurden. Wer sich in einem Polder aufhält, muss sich vorstellen, dass er eigentlich mit den Füßen auf dem Meeresgrund steht. Der Blick reicht kilometerweit, und allenthalben sieht man Wolken, Deiche und Wassergräben. Das kahle Land wurde zu einem großen Teil von den Bewohnern selbst geschaffen: Die Felder sind geometrisch angelegt, unsere Vorfahren haben mit der Schaufel die Gräben ausgehoben und die Deiche erhöht, und so ist überall in der Landschaft die Hand des Menschen sichtbar.

Das Licht hier ist golden, so golden, wie ich es nirgendwo sonst gesehen habe. Es ist das holländische Licht. Es ist weich und diffus, und an herbstlichen Tagen nimmt es die Farbe des Schilfs an, das die Gräben säumt. Das Wasser der Nordsee und des Ijsselmeers, der Gräben und des Ringdeichs wirkt wie ein reflektierender Spiegel und verleiht der Luft ihr besonderes Leuchten. An grauen Tagen kann plötzlich ein gleißender Sonnenstrahl durch die Wolken brechen, sodass sich Licht und Luft immer wieder ein klein wenig verändern. Feuchter Nebel über den Wiesen lässt alles in weicheren Farben erscheinen – die Kühe, die Häuser, die Bäume. Die französischen Brüder Goncourt, die im 19. Jahrhundert ihr gemeinsames literarisches Werk veröffentlichten, beschrieben Holland als »ein aus dem Wasser hervorgegangenes Land, (...) eine Heimat vor Anker, ein wässriger Himmel, Sonnenstrahlen, die aussehen, als schienen sie durch eine Karaffe mit Brackwasser«.

In dieser Landschaft mit ihren kühlen Sommern und milden Wintern, in der es fast immer windet und regnet, wuchs ich auf. Geboren bin ich in Heerhugowaard – dem einstigen Binnenmeer De Waerdt –, in einer von grünen Wiesen und Weiden umgebenen Wohnsiedlung. Ich war das jüngste von drei Kindern einer Lehrerfamilie – zwei Mädchen und ein Junge – und hielt mich nach der Schule am liebsten auf den wenige Kilometer entfernten Bauernhöfen auf, wo ich bei allen möglichen Arbeiten half, die Pferde versorgte oder mich einfach in den Ställen herumtrieb. Wenn ich die Augen schließe, sehe ich mich wieder bei starkem Gegenwind über den Deich dorthin radeln, um mich herum viel Raum, die Wege lang und gerade, die Kopfweiden in Reih und Glied. Viel Himmel. Graue Kumuluswolken über den weiten Feldern. Und auch später, als Jugendliche, die ihren Weg noch suchte, fuhr ich, als mein Bruder krank wurde und die Spannung in unserem Haus zunahm, am liebsten ins flache Land hinaus. Dort konnte ich frei atmen.

Kein Wunder also, dass die Rückkehr in meine Heimat dem simplen Wunsch entsprang, wieder bis zum Horizont schauen zu können. In den zehn Jahren, die ich in Amsterdam wohnte und in denen ich meine ersten Romane schrieb, verbrachte ich mehr Zeit drinnen als draußen. Mein Blick reichte nicht weiter als bis zum Wohnblock gegenüber, begrenzt von Straßen zwischen hohen Mauern und der Ringautobahn mit dem endlosen Strom der Fahrzeuge. Ich achtete weder auf die goldene Stunde vor Sonnenaufgang noch auf die blaue Stunde vor Sonnenuntergang, weder auf die Abenddämmerung noch auf den Mond, der manchmal schon nachmittags am Himmel steht. Richtige Stürme gab es selten, und wenn der Wind wehte, konnte ich nicht erkennen, woher er kam.

In der Stadt kommt der Frühling immer plötzlich und unangekündigt: keine rammelnden Hasen, keine Igel, die sich vorsichtig aus ihrem Laubversteck hervorwagen. An manchen Tagen kam ich kaum einmal eine halbe Stunde aus dem Haus, und dann auch nur, um von A nach B zu radeln oder einen kurzen Spaziergang durch den Park zu machen. Ich musste keine Tiere füttern, ich musste mich nicht um Haus und Hof kümmern, und die Elemente – die Luft, das Licht, die Wolkenbrüche – bewegten sich an mir vorbei und um mich herum.

Es gibt Studien, wonach der Durchschnittsamerikaner etwa dreiundneunzig Prozent seiner Zeit in geschlossenen Räumen verbringt. Schwedische Wissenschaftler fanden heraus, dass sich unser Herzschlag verlangsamt, wenn wir durch eine Virtual-Reality-Brille

Bäume betrachten – sogar der Duft des Waldes wird künstlich erzeugt. Dasselbe geschieht, wenn wir dem Gesang der Vögel lauschen. Erlebt der domestizierte Mensch der Zukunft die Natur lieber in der Sicherheit seiner vier Wände? Wie ein Tier im Käfig?

In Holland ist es Tradition, sich am zweiten Weihnachtsfeiertag kräftig durchpusten zu lassen; alle setzen sich am Ende der Feiertage mit größter Selbstverständlichkeit dem Wind aus. Menschen in Festkleidern unter dicken Mänteln bevölkern dann die Strände, aber auch die Wälder, und vertrauen sich den Wolken, dem endlosen Horizont an. Selbst schlechtes Wetter und Windstärke fünf halten die Holländer nicht davon ab. Wir lehnen uns in den Wind, der Regen strömt uns übers Gesicht, und hinterher wärmen wir uns bei heißer Schokolade auf. Es ist ein nationales Massenphänomen, geboren aus einem gemeinsamen Bedürfnis. Der Mensch ist ein durch vielerlei kulturelle Regeln domestiziertes Wesen, das sich danach sehnt, auszubrechen, der Enge des häuslichen Lebens, dem endlosen Sitzen zwischen vier Wänden, dem Einhalten fester Traditionen einmal zu entfliehen. Warm eingepackt, in freier, sturmgepeitschter Luft, findet er etwas von seiner ursprünglichen Wildheit wieder.

Auch ich brauchte Licht.

Von diesem ersten Winter nach meinem Umzug aufs Land habe ich noch ein bestimmtes Bild vor Augen: windbewegte Pappeln. Es war Februar, der Wind fegte gleichbleibend heftig über Wiesen und Weiden, und wenn ich gefragt wurde, wie es für mich sei, wieder hier zu leben, antwortete ich jedes Mal: »Ich hatte ganz vergessen, wie es hier stürmen kann.«

Der Wind war ein rastloser, ungebärdiger Kindheitsfreund, zu dem ich nun zurückgekehrt war, aber ich fühlte mich nicht mehr wohl mit ihm. Sobald ich die Haustür aufmachte, blies er mich fast um. Im Gemüsegarten knickte er Maiskolben und Artischocken ab und zerschlug sie auf der Erde. Ich fuhr auf meinem klapprigen Stadtfahrrad gekrümmt über die Polderstraßen, kam aber kaum vorwärts. Schnell lernte ich, dass ich den Wind nicht verfluchen durfte, sondern mich mit ihm bewegen musste. Ich musste wieder lernen, mit ihm zu leben, wie ich es aus meiner Kindheit kannte. Musste mich ihm anpassen. Ich zwang mich hinauszugehen, wenn er ums Haus pfiff. Unterwegs zu sein inmitten der unbeherrschbaren Elemente, mich in der Kunst zu üben, Kräften standzuhalten, die stärker sind als ich. Und immer öfter kam ich erfrischt und mit leerem Geist von meinen Gängen zurück. Als hätte die stürmische Natur mir Ruhe beschert.

Um den Wind kennenzulernen, muss man wissen, woher er kommt, wie er an Stärke zunimmt und wann er wieder abflaut. Im Polder aufgewachsen, ist mir das Beobachten dieses Elements zur zweiten Natur geworden, und auch mein Buch folgt seinem Rhythmus: dem Aufkommen, Anschwellen und Wiederabflauen. Ich möchte einen Einblick geben in das Leben mit dem Wind und zeigen, wie sehr er Teil des flachen Polderlandes und seiner Menschen ist, wie er uns mitunter auf die Probe stellt und uns geformt hat. Und so ist dieses Buch ein Loblied auf das flache Land Hollands, eine Erkundung der Natur und zugleich ein Leitfaden für Stadtbewohner, die für eine Weile wieder in die freie Luft hinauswollen.

Erster Teil

Wenn der Wind aufkommt

Flachländerbeine

Als ich das letzte Mal in den Bergen war – im Hohen Atlas in Marokko –, wurde ich höhenkrank. Mit einem Taxi fuhr ich durch Schlaglöcher und Haarnadelkurven in einer halben Stunde zweitausend Meter nach unten, und als ich aus dem Auto stieg und wieder den Boden unter meinen Füßen spürte, begann sich mein Kopf zu drehen, und ich bekam hohes Fieber. In der Nacht träumte ich von dem flachen Land, aus dem ich komme. Wie flach es ist, kann sich kaum jemand vorstellen – an trockenen Sommertagen erinnert es noch am ehesten an eine öde Wüstenlandschaft, in der man das Dunkel der Nacht über dem endlosen Horizont heranziehen sieht.

Ich habe Flachländerbeine, und meine Augen sind von Natur aus in die Ferne gerichtet. Am wohlsten fühle ich mich auf ebenem Boden, in waagerechtem Gelände, auf einer Fläche, die eine gewisse Weite bietet. Ich hatte mir bis dahin nie klargemacht, dass ich physiologisch für die Landschaft gebaut bin, aus der ich stamme, dass ich große Höhen und dünne Luft nicht gewöhnt bin. Dass starke Höhenunterschiede mich offensichtlich krank machen können. »Wetter und Landschaften beeinflussen die Menschen mehr, als ihnen eigentlich bewusst ist«, schrieb Joan Didion einmal in *The Paris Review*.

Anders als in den unwandelbaren, in Stein gehauenen Bergen bleibt in dem Delta, in dem ich aufgewachsen bin, nichts für immer gleich. Es ist ein Land, das von Menschenhand geschaffen, am Reißbrett geplant wurde. Kaum eine andere Landschaft, die ich kenne, ist so vergänglich: Was heute ein Acker ist, kann sich das Meer in fünfzig Jahren zurückgeholt haben. Nichts ist von Dauer. Nichts ist endgültig.

Das Sumpfdelta musste von den Menschen dem Meer abgerungen werden.

Die Gefahr kam damals von allen Seiten: von der Zuiderzee, der Nordsee, vom weit ins Land hineinreichenden Ij, und aus Angst vor dem Untergang hat man diesen westfriesischen Polder entwässert und trockengelegt. Deichbauer, Mühlenbauer und Landvermesser waren die Ersten, die auf dem noch morastigen, bis zum fernen Horizont reichenden Grund des einstigen Binnenmeers standen. Es muss eine kahle, unwirtliche Fläche gewesen sein, als sich diese Pioniere zu Beginn des 17. Jahrhunderts daranmachten, den Kleiboden in fruchtbares Land zu verwandeln.

Der Polder wurde vollständig von Menschen konzipiert, und als ein einziges Konzept muss man ihn auch sehen: rechteckige Felder, Entwässerungsgräben, die im rechten Winkel zueinander verlaufen, wie mit dem Lineal gezogene Straßen. Das Ganze hat etwas von einem abstrakten Mondrian-Gemälde. Das Land ist grün und sehr fruchtbar, und da der Polder an drei Seiten vom Meer umgeben ist, kann der Wind ungehindert darüber hinwegfegen. Berge und Wälder gibt es hier nicht, man sieht den Himmel, wohin man auch schaut: tief hängende graue Wolken, weiße Kumuluswolken, dunkle Gewitterwolken oder weites, gleichmäßiges Blau. Oft ziehen den ganzen Tag Wolken über den Himmel, und dann treibt der Wind große Schattengebilde über Wiesen und Weiden. Bricht für einen Moment die Sonne durch, färbt sich das Gras leuchtend grün, um sich gleich darauf wieder zu verdunkeln, sodass es fast schwarz wirkt. Man braucht nur den Wolkenschatten zu folgen, um zu wissen, woher der Wind weht.

Das Wasser ist überall, folgt aber stets dem Lauf, den die Menschen ihm zugewiesen haben. Kein mäandernder Bach weit und breit. Kein Wasserfall, kein schäumender Fluss. Eine feine Schicht Entengrütze liegt auf dem metertiefen dunklen Wasser; dass es überhaupt fließt, ist mit bloßem Auge nicht zu erkennen. Nur nach starken Regenfällen strudelt es bis an die Grabenkanten hoch, und dann wird alles Überschüssige mit den Schöpfwerken in die höher gelegenen Ringkanäle gepumpt und gelangt schließlich über weitere Kanäle und Flüsse in die Nordsee und das Ijsselmeer. Aus der Vogelperspektive würde man sehen, dass jeder trockengelegte Polder Westfrieslands von einem schimmernden Ring aus Wasser umgeben ist wie die Sonne von einem Halo. An den Ufern der Ringkanäle wächst hohes Schilf, in dem im Winter, wenn die Sonne tief steht, der Raureif glitzert. All die Gräben, Kanäle und Pumpwerke leiten das Wasser durch das Land: reguliert und überwacht. »Wohin man auch blickt, überall stößt das Auge auf Menschliches – eine widerwärtige Allgegenwart, die den Betrachter verstört und empört und in einen wütenden Stupor stürzt«, schrieb der rumänisch-französische Philosoph Emil Cioran.

Das sei nicht wirklich Natur, könnte ein Hochgebirgsbewohner sagen, weil eben nicht der Schöpfer das Land geschaffen habe, sondern der Mensch.

Und doch: Wer an einem Sommertag auf einem holländischen Deich steht und tief unten das Land sieht – die weite Fläche mit ihren fruchtbaren grünen Feldern, mit Gräben, Kanälen und den Basiliken der jahrhundertealten Windmühlen in der Ferne –, der kann nur Ehrfurcht empfinden angesichts dieser innigen Verflechtung von Mensch und Natur.

Kumuluswolken

Unser Haus liegt am Fuß eines Deichs, drei Meter unter dem Meeresspiegel. Die Gegend ist so flach, dass Bäume, Sträucher und Schilf sich im kalten Hauch von der Nordsee her unablässig bewegen.

Ich stehe gebückt zwischen den Gemüsebeeten und entferne die abgeknickten Maisstängel. Von hier schweift der Blick frei über die ausgedehnten Äcker. Zuckerrüben wachsen dort, in Reih und Glied, Hunderte Meter nichts als Zuckerrüben, flankiert von Kürbis- und Weißkohlfeldern. Im Westen begrenzt der alte Windschutzstreifen aus Buchen, Eschen und Eichen unser Grundstück. Sie sind wie eine Hecke ineinandergewachsen und sollen das Haus und die Ställe gegen den ewigen Südweststurm abschirmen, der jedoch durch sie hindurchbläst wie durch eine schlecht gefütterte, an den Nähten verschlissene Jacke. Auch das Wohnhaus schaut mit der Rückseite nach Südwesten.

Das Gelände ringsum wurde erst vor Kurzem neu angelegt. Alles ist noch jung und kahl, vier durch Weißdornhecken getrennte Areale, von den Ponys abgegrast, die sich den ganzen Sommer über hier getummelt haben. Der Obstgarten ist so neu, dass die Apfel- und Birnbäume noch keine Früchte getragen haben.

Der lange, meterhohe Ringdeich bildet den Rand der Badewanne, in der wir leben. Er umschließt den alten Polder und wirft jedes Geräusch zurück. An den seltenen windstillen Tagen kann ich sogar einzelne Schafe husten hören, und wenn unser Nachbar auf Knien blaue und gelbe Krokusse pflanzt, dringt auch das Bellen seines Border Collies zu uns herüber. Ab und zu gehen Schulkinder vorbei, paarweise oder in Vierergrüppchen, und dann steigen ihre Stimmen im Norden auf. Sonntags ertönt manchmal vom Deich her das rhythmische Hufgetrappel eines vor den Wagen gespannten Friesenpferdes – ein Geräusch aus längst vergangenen Tagen. Je nachdem, wie der Wind steht.

Auf dem flachen Land sieht man die dunklen Wolken von sehr weit heranziehen: die mächtigen Mammatus- oder Kumuluswolken über dem Deich, die im Lauf des Tages immer wieder zwischen Hellgrau und Dunkelgrau wechseln. Schlagregen, Regenbögen, Graupelschauer – alles zeigt sich schon Kilometer entfernt am Horizont. Haben wir deshalb unseren Sinn fürs Praktische, weil wir schon von Weitem sehen, was auf uns zukommt, sodass kein »verdammtes Pech« uns überraschen kann?

Wenn ich als Kind gefragt wurde, was ich später einmal werden wolle, antwortete ich: »Egal was, Hauptsache, ich kann draußen sein.« Schließlich wurde ich Schriftstellerin, und nun sitze ich den halben Tag im Haus und stelle mir ein Leben außer Haus vor. Nachmittags verschwinde ich dann aber meist ins Freie, um irgendetwas zu pflanzen oder die Tiere zu versorgen. Drinnen halte ich es einfach nicht so lange aus, jedenfalls nicht den ganzen Tag. Schon als Kind habe ich in der Schule am liebsten aus dem Fenster geschaut, ständig abgelenkt von wandernden Wolken oder einem weißen Federchen, das zwischen den Zweigen eines Baumes aufwärts wehte. Und dabei schmiedete ich Fluchtpläne. Mit elf, zwölf ging ich jeden Nachmittag nach der Schule reiten. Ich galoppierte an der Straße entlang, quer durch die weiten westfriesischen Polder, durch Wind und Wetter – rückblickend natürlich die ultimative Flucht vor den schulischen Pflichten, den dumpfen Klassenzimmern.

Nur des Schreibens wegen sperre ich mich mehr oder weniger freiwillig ein; nun ja, zumindest verschafft es mir die Illusion geistiger Freiheit, eine Möglichkeit, in unterschiedliche Landschaften einzutauchen, ein Parallelleben zu führen, meine Abenteuerlust zu stillen. Ein einziges Leben reicht mir einfach nicht, ich scheine mehrere zu brauchen.

Am frühen Nachmittag, nach all den Stunden des Stillsitzens, steige ich in meine Gummistiefel und flüchte nach draußen. Ich schaue kurz in den Gemüsegarten, sammle die abgeknickten Artischocken auf und binde die stehen gebliebenen an den dünnen Bambusstäben fest. Die Kapuzinerkresse, die mit ihren orangefarbenen Trompetenblüten schräg über den Weg gekrochen ist, pflücke ich ab, Blumen- und Rosenkohl kontrolliere ich auf Raupen.

Dann verlasse ich eilig das Grundstück und laufe los.

Ich folge der Böschung des Deichs nordwärts. Da ich den schmalen, ausgetretenen Pfad fast täglich gehe, kenne ich ihn mittlerweile so gut, dass ich mich manchmal frage, ob nicht meine eigenen Füße das Gras hier haben verschwinden lassen. Außer den gefleckten Schafen und einem weißen Reiher, der mit mächtigen Flügelschlägen auffliegt, begegnet mir kein Lebewesen. Der Pfad führt am Ringkanal entlang, dessen Wasser in der Herbstsonne glitzert, vorbei an hellem Schilf, das sich ab und an im Wind wiegt, als würde es von einer unsichtbaren Hand berührt.

Ich wandere den ganzen Deich ab.

Schreiben ohne Laufen ist praktisch unmöglich. Nach einem Vormittag in freiwilliger Klausur ist mein Kopf genauso verspannt wie Hals und Schultern. Dagegen hilft nur ein gleichmäßiger Gehrhythmus, der das Blut wieder zum Fließen bringt, eine Schrittfrequenz, bei der ich nach und nach in eine Art Ruhezustand verfalle, den Default-Modus des Gehirns, sodass all die Gedanken und Bilder, mit denen ich am Schreibtisch kämpfe, in den Hintergrund rücken. Schlechte Ideen werden aus dem Weg geräumt, und mit ein wenig Glück sprudelt dann die Inspiration. Eine Garantie gibt es allerdings nicht.

Zu einem solchen Gang sollte man übrigens nicht zu spät am Tag aufbrechen. Nicht umsonst schrieb Henry David Thoreau in seinem Essay *Vom Wandern*: »Bleibe ich nur einen ganzen Tag in meinem Zimmer, setze ich Rost an; und wenn ich manchmal meinen Spaziergang verstohlen erst um die elfte Stunde beginne, d. h. also um vier Uhr nachmittags – zu spät, denn dann kann ich die Helligkeit kaum noch nutzen, weil sich bereits die Schatten der Nacht mit den Lichtern des Tages vermischen –, fühle ich mich, als hätte ich mir eine Sünde zuschulden kommen lassen, für die ich noch büßen werde.«

Am besten sind diese Gänge, wenn es kräftig windet. *Uitwaaien* nennen wir Holländer das, und es bedeutet so etwas wie »mit dem Wind laufen«. Nach einem Vormittag am Schreibtisch gibt es nichts Erfrischenderes, als vorgebeugt gegen den Sturm anzumarschieren. Der kalte Regen peitscht mir ins Gesicht, der Wind presst sich mit Wucht an mich, und es besteht die köstliche Gefahr, umgepustet zu werden. Es ist, als wäre dann mehr Sauerstoff in der Luft. Jeder Mensch trägt die Sehnsucht in sich, Naturkräfte zu spüren, die stärker sind als er, und sei es nur, um sich zu vergewissern, dass er es schafft, auf den Füßen zu bleiben.

Von der Höhe des Deichs blicke ich auf das tief gelegene Polderland hinab. Kaum vorstellbar, dass hier einmal ein Binnenmeer war, in dem Fische schwammen. Westfriesland mit seinen akkurat gepflügten Feldern und den schnurgeraden Straßen bestand vor ein paar Hundert Jahren größtenteils aus Seen und Binnenmeeren. Auf der alten Landkarte meines Großvaters, die in unserer Küche hängt, stehen ihre Namen: Witsmeer, De Beemster, De Purmer, De Schermer, De Waerdt. Es war ein einziges Sumpfgebiet, Mensch und Vieh mussten immer wieder flüchten, wenn das Wasser ihr Land überflutete. Die Familien übersiedelten notgedrungen auf Warften und beschlossen Anfang des 17. Jahrhunderts, das Land dem Wasser zu entreißen. Sie bauten Mühlen und machten sich mit viel Geschick die Kraft des Windes zunutze. Sie erhöhten die Deiche und pumpten das Wasser ab, über Wochen, so lange, bis auf dem trockengelegten Meeresboden die Fische nach Luft schnappten. Überall war das Klappern der Windmühlenflügel zu hören. In manchen Poldern drehten sich Hunderte von ihnen gleichzeitig.

Das neu gewonnene Land wurde in rechteckige Flächen aufgeteilt und verkauft, Dörfer wurden gegründet, man baute Kirchen und Häuser und legte Straßen an. Die Bauern bestellten ihre Felder, und noch vor dem Winter brachten sie die erste Weizenernte ein.

Für diese ersten Polderbewohner muss es sich angefühlt haben, als eroberten sie Neuland: eine kahle Brache, unwirtlich und rau.

Heute wie damals ist der Polder offenes Gelände, auf dem der Wind freies Spiel hat. Ich habe mich an ihn gewöhnt: an sein Brausen, sein leises Singen, stetig wie weißes Rauschen. Bei Nacht schlafe ich besser, wenn ich ihn höre, bei Tag kann ich klarer denken, wenn ich ihn spüre.

Gleichgewicht

Eines Morgens radle ich mit meinen drei Töchtern zur Schule. Die Zweijährige, meine Jüngste, im Kindersitz vor mir schaut unverwandt geradeaus und hält sich mit beiden Händchen am Lenker fest. Die Mittlere – braune Augen, ebenso haselnussbraunes Haar, die Wangen hochrot vor Anstrengung – fährt neben mir, tapfer, unverdrossen, den Blick auf die Straße gerichtet. Mit ihren kurzen Beinen tritt sie so kräftig in die Pedale, als sei ihr eine unsichtbare Macht auf den Fersen. Sie ist die Stillste von den dreien und sagt auch jetzt nur das Nötigste.

Wir haben Gegenwind. Es ist ein rauer, unberechenbarer Wind, der manchmal von allen Seiten zu kommen scheint, um gleich darauf wieder ganz abzuflauen.

Meine älteste Tochter, die Achtjährige, radelt ein Stück voraus; sie darf das Tempo bestimmen. Wie jeden Tag nehmen wir die schmale Polderstraße durch die

Felder. Auf dem Grünland jenseits des Grabens schlafen Schwäne, eine Gruppe von acht Tieren, die Schnäbel unter die weißen Flügel geschoben. Nur einer ist wach und behält alles im Auge; ruhig watschelt er hin und her und reckt von Zeit zu Zeit den Schnabel hoch. Weiter vorn ist das Land umgepflügt, die schwarze Kleierde nach oben gewendet.

Ein plötzlicher Windstoß bringt meine mittlere Tochter auf ihrem weißen Rad ins Wanken. Sie kommt von der Straße ab und holpert durch Pfützen und Schotter über den matschigen Randstreifen. Einen Moment lang, ein paar Sekunden vielleicht, halte ich sie an der Schulter fest, bis sie sich wieder fängt. Stumm und stoisch, als sei nichts gewesen, setzt sie ihren Weg fort.

Die Älteste schaut über die Schulter zurück und will wissen, woher der Wind kommt. Ihr blonder Pferdeschwanz flattert über ihren Rücken.

»Vom Meer«, antworte ich.

»Wo ist das Meer?«

Ich zeige in die Ferne, vorbei am Hof des Jägers, wo der gelbe Senf kniehoch steht, vorbei an den Gewächshäusern der Liliengärtnerei. »Im Westen«, sage ich.

»Kommt er immer vom Meer?«

Ich nicke. Soll ich ihr etwas von der Bewegung der Luftteilchen erzählen? Vom Äquator, über dem die Sonne den ganzen Tag senkrecht steht? Davon, dass sich die Energie, die dort frei wird, nach Norden bewegt, wo die Sonne weit weniger häufig scheint? Dass die Erde stets den Ausgleich sucht, ein Gleichgewicht der Energie, und die warme Luft deshalb vom Süden in den kalten Norden fließt? Dass die Winde auf der Nordhalbkugel durch die Erdrotation abgelenkt werden?

»Das hat etwas mit der Sonne zu tun«, sage ich.

Sie scheint mit der Antwort zufrieden und fährt wieder voraus, kämpft geduckt gegen den Sturm an. Das ist sie gewöhnt; kaum jemals beklagt sie sich darüber. Sie ist so schmal wie ihre Schwestern, zierlich und empfindsam, weißblondes Haar, blasses Gesicht, aber man darf ihre Zartheit nicht mit fehlender Energie verwechseln. Sie hat kräftige Beine. Radlerbeine. Mit knapp vier Jahren ist sie zum ersten Mal auf dem eigenen Rad zur Schule gefahren, ist über die Polderstraße geschlingert, anfangs noch unsicher, aber schon bald voller Selbstvertrauen, stolz darauf, was sie schon alles konnte.

Ich habe meinen Kindern von klein auf beigebracht, sich bei Gegenwind auszubalancieren: den Lenker gerade zu halten, die Füße fest auf den Pedalen. Unbeirrt weiterzufahren, immer mit Böen zu rechnen, die sie ohne Weiteres umpusten können. Ich glaube, das Radfahren in der windigen Polderlandschaft lehrt die drei, wie sie im Leben stehen müssen: beharrlich, in der Balance, immer auf Unerwartetes gefasst. Und so haben sie, wenn sie frisch und gut durchlüftet in der Schule ankommen, schon ihre erste Lebenslektion gelernt.

Windsurfen

Woher der Wind kommt, das habe ich von meinem älteren Bruder gelernt, der im Alter von zweiundzwanzig Jahren plötzlich starb. Seinetwegen schaue ich, wenn ich morgens die Ponys füttere, als Erstes zu den Baumkronen hinauf – aus welcher Richtung rollen die Wolkenwalzen heran, an welcher Wange spüre ich den kalten, schneidenden Wind? Kommt er im Herbst von Osten, schleppe ich Schmucklilien und Canna nach drinnen; nicht mehr lange, und der erste Frost ist da. Bei Südwestwind im Frühjahr können der Oleander und die Palmen ins Freie.

Ich sehe meinen Bruder und mich noch heute im kalten Wasser des Sees stehen, zwischen uns das Surfbrett. Ich war damals eine spindelbeinige Zehnjährige, voller Rebellion gegen alles, was mir von oben aufgetragen wurde. Aber jetzt müsse ich tun, was er sage, erklärte mein Bruder entschieden. Er sah meine Launen und Wutanfälle immer schon lange vorher kommen und bestand ebenso fest, wie er das Surfbrett zwischen uns hielt, auf seiner Anweisung.

»Wenn du surfen lernen willst, musst du wissen, woher der Wind kommt«, sagte er und zeigte auf die flatternde Fahne der Imbissbude, auf die hohen Pappeln am See, ihre silbrig aufblitzenden Blätter. In welche Richtung wehten sie? Dann steckte er kurz den Zeigefinger in den Mund, hielt ihn in die Höhe und forderte mich auf, dasselbe zu tun. »Wo spürst du die Kälte?«, fragte er. »Von da kommt der Wind.«

Nie werde ich vergessen, wie geduldig er mich, die kleine Schwester, die in ihrem viel zu großen Neoprenanzug an einen Pinguin erinnerte, immer wieder aufs Brett hievte, wie ich schwankend versuchte, das Gleichgewicht zu halten, und endlich mit aller Kraft das Segel aus dem Wasser zog. Mein Bruder, dessen dunkle Augen ernst aus dem hübschen Gesicht blickten, brachte mir bei, mich »in den Wind zu hängen«. Sobald das Segel richtig stand, konnte man sich einfach nach hinten lehnen und vom Wind vorwärtstreiben lassen. Nachdem ich viele Male ins Wasser gefallen und wieder aufs Brett geklettert war, klappte es. Und vielleicht in diesem Moment wurde mir bewusst, dass es da eine wilde Naturkraft gibt, der man sich anvertrauen kann. Irgendwo lauerte die Gefahr, dass es auch schiefgehen konnte, aber war das nicht gerade das Schöne?

Ich habe mich in meinem Leben immer Hals über Kopf in alles hineingestürzt – Liebe, Männer, Arbeit, Kinder –, und es würde mich nicht wundern, wenn damals auf dem Surfbrett der Keim dazu gelegt worden wäre.

Mein Bruder blieb am Ufer zurück und schaute zu, wie ich mit wachsendem Selbstvertrauen dahinglitt. Die Sonne glitzerte auf dem Wasser. Wolkenschatten jagten einander über den See. Harte Linien, schwarze Flächen. Der Himmel blau, der Horizont endlos.

Mein Bruder hatte schon immer ein scharfes Auge für die vier Himmelsrichtungen gehabt. Doch als er älter wurde, sah er Dinge, die nicht da waren, hörte Stimmen, die nicht sprachen. Wir beide besaßen eine gewisse Empfindsamkeit und Sensitivität, die Fähigkeit, den Dingen Bedeutung zu verleihen, aber irgendwann begann er dem, was er um sich herum sah, zu viel Bedeutung zu verleihen, und schließlich nahmen die Psychosen überhand. In manchen Momenten aber sah er die Dinge klarer als ich, davon bin ich überzeugt. Und sei es nur, weil er mir den Wind in den Segeln geschenkt hat.

Müller

Vor einigen Jahren radelte ich an einem kalten Februartag – es waren ein paar Grad unter null – die wenigen Kilometer zur Mühle, meine mittlere Tochter im Kindersitz vor mir. Sie trug eine unterm Kinn zugebundene Wollmütze und die große Schneehose ihrer Schwester. Ihre Händchen hatte sie tief in den Jackentaschen vergraben. An dem Tag wehte von Osten her ein schneidender Wind, und die eisige, alles durchdringende Kälte, die er mitbrachte, erinnerte mich an die Geschichten von Polderbewohnern älterer Generationen: Vor einem halben Jahrhundert hatten sie sich Zeitungen unter den Pullover geschoben, als zusätzliche Isolierschicht für Brust und Bauch. Wollsocken, Holzschuhe, Leinenkittel … Wie lebten die Menschen damals in diesen kahlen, urbar gemachten Poldern? Was für ein Dasein muss das gewesen sein auf diesem sumpfigen Land? Zu Fuß legten sie weite Strecken zurück, manchmal auch mit Pferd und Wagen oder, wenn sie zu den Inseln wollten, in hölzernen Kähnen. Es war ein hartes Brot. Da hatte ich in meinem modernen wattierten »Windbreaker« alles in allem wenig Grund zur Klage.

Ich radelte immer geradeaus, über die endlose Polderstraße, die sich quer durch die Landschaft zog, gesäumt von langen Reihen in gleichmäßigen Abständen gepflanzter Pappeln. Auf den Gräben lag eine dünne Eisschicht, und das weiß bereifte Schilf zeichnete sich scharf gegen den tiefblauen Himmel ab. In der Nähe graste eine kleine Schafherde. Die Eiseskälte, die unzähligen Eiskristalle, die in der tief stehenden Sonne auf den Feldern glitzerten, verliehen dieser so kahlen Landschaft etwas Leichtes, Märchenhaftes.

Im Osten ragte die Mühle des Nachbardorfs Wogmeer auf.

Ich kniff die Augen gegen die blendende Sonne zusammen, die Füße fest auf den Pedalen, und wir fuhren gegen den Wind über die kleine steinerne Brücke, vorbei an Scheunen und Kuhställen und an dem Camping-Bauernhof, auf dem jetzt nur noch zwei einsame Wohnwagen und ein Trampolin standen. Die Zweige der Trauerweiden an den Gräben hingen ins Wasser, manche festgefroren wie die beiden am Ufer vertäuten Kanus. Im Sommer fuhren Boote durch die Gräben, und von der Brücke sprangen Kinder ins Wasser. Jetzt aber war dieses Bild so unwirklich wie die Vorstellung, dass die Böschung in einem halben Jahr wieder gelb sein würde von blühendem Raps.

Ein Gänseschwarm flog laut schnatternd über uns hinweg, doch meine Tochter schaute kaum auf. Sie sah starr vor sich hin und begann, leise zu weinen vor Kälte. »Ein bisschen durchhalten noch«, sagte ich, »wir sind gleich da.« Nach der Brücke ging es an der kleinen Pumpstation vorbei, und dann sah man schon den Bauernhof mit den großen Scheunen. Hier befand sich die Kindertagesstätte meiner älteren Tochter, die sie zweimal in der Woche besuchte. Die Kinder konnten dort im Freien spielen, es gab Schweine, Kaninchen, Hühner und sogar ein Pony, das für kürzere Ausflüge vor einen Wagen gespannt wurde. Am Deich bog ich in einen unbefestigten Weg ab. Er führte an einem kleinen Anwesen mit einem weißen Haus vorbei und mündete dann in einen Klinkerweg, auf dem ein paar bunte Hühner vor uns herliefen. Auf der einen Seite des Deichs lag der Polder, auf der anderen der Ringkanal.

»Schau, da sind wir schon!« Ich zeigte auf die Mühle, die am Ende des Weges über dem Deich aufragte. Ihre Flügel drehten sich. Als wir näher kamen, konnten wir sehen, wie kraftvoll die Pumpe das Wasser aus dem Wogmeer-Polder in den angrenzenden Hensbroek-Polder beförderte. Ich stellte mein Rad am Holzgatter ab und hob meine Tochter aus ihrem Sitz. Wir waren bis auf die Knochen durchgefroren. Sie schlang die Ärmchen um meinen Hals und schaute zu den riesigen rotierenden, knarrenden und quietschenden Flügeln hoch. Ich staunte immer wieder, welch unvorstellbare Kraft in der hölzernen Mechanik steckte. Die Tür ging auf, und wir traten ein, zogen unsere Schuhe aus, und meine Tochter begann sofort, die Schildpattkatze zu streicheln, die am Fuß der Treppe saß. Drinnen war es angenehm warm. Der Müller schüttelte uns die Hand und führte uns in seinen Schafwollsocken in die Küche.

Ein paar Wochen zuvor war ich zufällig mit ihm ins Gespräch gekommen, und er hatte mich eingeladen, einmal bei ihm in Wogmeer vorbeizuschauen. Die Windmühle stand schon seit dem Jahr 1600 hier, und er bewohnte sie mit seiner Frau, einer Gabelstaplerfahrerin, und den dreijährigen Zwillingen, einem Jungen und einem Mädchen.

Ich begrüßte alle.

Die beiden Kinder versteckten sich hinter den Beinen des Vaters.

Er war eine auffallende Erscheinung: ein junger Mann im Seemannspullover, wuscheliges Haar, verwegen blickende klare blaue Augen. Nicht gerade der typische Müller, dachte ich, doch wie sich herausstellte, entstammte er einer großen Müllersfamilie: Auch seine Cousins und Cousinen hatten in Mühlen gewohnt, und sein Großvater hatte sogar mit eigenen Händen eine gebaut. Wir saßen in der Küche, und der Kanonenofen bullerte gemütlich. Meine Tochter auf dem Stuhl neben mir trank einen Becher warmen Kakao. Der raue Ostwind tobte gegen die Fenster, und die grelle Wintersonne schien herein. Der Müller schaute eine Weile nachdenklich hinaus. Zu den Feldern, dem Dorf in der Ferne.

Vom Flur her war das stetige Wummern des hölzernen Zahnradmechanismus zu hören, der das Wasser aus dem tiefer gelegenen Graben in den Ringkanal beförderte. Es war eine sogenannte Achtkantmühle mit entsprechend kleinen, verwinkelten Zimmern, alle in leuchtenden altholländischen Farben gestrichen: die Küche geldersblau, das behagliche Wohnzimmer grachtengrün, der Flur apfelblütenrosa. Die schmalen Sprossenfenster gingen auf die ausgedehnten Wiesen und Weiden des drei Meter tiefer gelegenen Polders hinaus.

Die Mühle diente längst nicht mehr ihrem ursprünglichen Zweck. Sie war jetzt Kulturerbe, und der Müller hatte als dessen Verwalter dafür zu sorgen, dass Flügel und Schöpfräder in Bewegung blieben und nicht blockierten. Das hieß schmieren, schmieren und nochmals schmieren und alles in Ehren halten. Die eigentliche Arbeit hatte ein elektrisches Schöpfwerk weiter hinten am Deich übernommen.

Die Zwillinge krabbelten zwischen den Tischbeinen umher, die Wangen vom rauen Wind gerötet. Ihr Vater schenkte Kaffee ein. Er achte ständig auf den Himmel, sagte er, halte Ausschau nach Gewitterwolken, nach Vorzeichen. Um zu sehen, ob ein Unwetter aufziehe. Auch an einem schönen Sommertag könne sich plötzlich eine große Ambosswolke bilden, eine Art Kumuluswolke, die sich immer weiter aufbaue, um dann, wenn sie auf eine andere Luftschicht treffe, abzuflachen. Auch das sei ein Vorzeichen. »Das ist diese scheußliche Luft«, sagte er, »da ist jede Menge Wind drin.«

Im Sommer liege er morgens mit seiner Frau am liebsten auf dem Rücken oben in der Mühle, auf dem Dielenboden der Mühlenhaube, ringsum das stille Land, die Luken weit geöffnet. Vogelgezwitscher. Ein weiter Blick.

Man wohne nicht *in* einer Mühle, meinte er, man wohne mit ihr. Sie sei wie ein lebendiges Wesen, das sich bewege, das knarre, ächze und stöhne, und bei starkem Südwestwind müsse man sie ständig im Auge behalten. Einmal habe er erlebt, dass bei Windstärke zwölf die Flügelbremse versagt habe. Das Wasser schoss tosend aus der Schraube. Im Küchenschrank klapperten die Tassen. Er war nach oben gestürmt und hatte einen Stein, den er sich noch rasch gegriffen hatte, auf den Bremsbalken gelegt. In solchen Momenten fühle man sich als Mensch klein und nichtig, sagte er. »Alles passiert dann rasend schnell. Wenn der Sturm von hinten kommt, geht es noch. Aber von vorn, direkt auf die Flügel …«

Mir kam der Gedanke, dass dieses »klein und nichtig« genau der Grund war, weshalb er hier wohnte. Er schien ein abenteuerlustiger Typ zu sein, und in seinem Troyer hatte er auch etwas von einem Seemann am Ruder eines Segelschiffs, vor Anker auf einem trockengelegten Meer.

Wer an diesem Ort leben will, muss seine Sinne schärfen, muss auf Signale achten, auf Geräusche. Muss spüren. Mutig sein. Nicht in Panik geraten, sondern wissen, was zu tun ist. Das Segel nicht zu spät einholen, »sonst hat der Wind freies Spiel«. Man muss den Himmel permanent beobachten: Luftschichten, Temperatur, Wolken, Unterwind, Fallwind, abflauender Wind.

Ich glaube, ich verstand, was er meinte, denn wenn man am Fuß einer Mühle mit rund fünfundzwanzig Meter langen Flügeln steht und das Schwirren und Knarren und Quietschen über sich hört, dann kann man die gewaltige Kraft, die davon ausgeht, nur ehrfürchtig bestaunen und zugleich fürchten.

Windmühlen sind etwas Vertrautes für mich. Aus dem Küchenfenster unseres Hauses sehe ich täglich die drei Mühlen am Noordschermerdijk, die wie Mastodonten aus ferner Vergangenheit alles überragen. Ihre Dächer sind mit dem Schilf gedeckt, das an den Grabenrändern wächst, goldfarbenes Reet, wie man es überall in der Landschaft findet, deren Farben es gleichsam in sich aufnimmt. Die Mühlen sind für mich so selbstverständlich wie die Kopfweiden am Wasser oder die pyramidenförmigen Glockenbauernhöfe am Deich. In früheren Zeiten aber, als das Wasser mit Windkraft abgepumpt und neues Land geschaffen wurde, verkörperten sie den Sieg des Menschen über die Natur.

Für die alten Griechen war der Wind der Ursprung allen Lebens. Die Göttin Eurynome, Mutter aller Dinge, stieg nackt aus dem Chaos empor. Sie schied den Himmel von den Wassern und setzte mit ihrem Tanz über das Urmeer die Luft in Bewegung. So entstand der Nordwind, aus dem die Schlange Ophion geboren wurde. Eurynome vereinigte sich mit ihr und legte das Weltenei, dem alles Leben entsprang.

Der Wind schenkte auch den Holländern neues Leben. Mithilfe der Windmühlen pumpten sie das Binnenwasser ab und gewannen neues Land. Und die Mühlen pumpten nicht nur Wasser hoch, sie sägten auch Holz und mahlten Weizenkörner zu Mehl. Tag und Nacht drehten sich ihre Flügel, es entstand eine ganz neue Gesellschaft, und die Menschen in den Poldern lebten vom Land und allem, was das Land hervorbrachte.

Dank der Mühlen eroberten die kleinen Niederlande die Weltbühne. Große Mengen Holz, das in den windbetriebenen Sägemühlen zu Schiffsbauteilen verarbeitet wurde, lieferten im 17. Jahrhundert das Material für die gut siebenhundert Schiffe der Niederländischen Ostindien-Kompanie. Getreide, Öl und Farben (auch sie in den alten Mühlen gemahlen) wurden mit den riesigen holländischen Seglern verschifft, Gewürze, Kaffee, Stoffe und vieles andere wurde aus Asien, Afrika, Sri Lanka und Japan in die Niederlande geholt. Es ist eine komplexe Geschichte des Kolonialismus und der Ausbeutung lokaler Bevölkerungen. Reichtümer wurden angehäuft, mit denen die wohlhabenden Amsterdamer Kaufleute ihre stattlichen Grachtenhäuser bauten.

Heute haben die meisten Windmühlen ihre Funktion verloren und sind zu Touristenattraktionen geworden, zu Relikten einer Zeit, als mit den Überschwemmungen und Springfluten der Nordsee wie des Ijsselmeers beständig Unheil drohte, nicht anders als heute. So ist es nicht weiter verwunderlich, dass die Mühlen weiter instand und in Ehren gehalten werden, und sei es nur, weil diese reetgedeckten Polderbasiliken uns jahrhundertelang großen Wohlstand beschert haben. Sie sind Symbole einer vergangenen Epoche.

Einst standen in den Poldern Schermer und Beemster unzählige Mühlen, achthundert allein im Zaanstreek. An manchen Tagen drehten sich alle gleichzeitig – meterhohe, in der kahlen Landschaft rotierende Flügel inmitten der weiten Polder, der Äcker mit ihren endlosen Kohl- und Kartoffelreihen. Ein eindrucksvoller Anblick muss das gewesen sein!

Heute stehen in den Poldern schneeweiße Windmühlen, wohin das Auge schaut: die Windräder der Energieversorger. Nach Einbruch der Dunkelheit blinken allenthalben rote Lichter auf den Turbinen. Die Energie, die sie erzeugen, bringt umfangreiche neue Aktivitäten mit sich: in den Rechenzentren der großen Technologieunternehmen. Auf den ersten Blick wirken diese Klötze wie auch die Windräder selbst nicht gerade ansprechend, aber es würde mich nicht wundern, wenn die Menschen im 17. Jahrhundert über ihre Windmühlen genauso gedacht hätten; was heute als hässlich gilt, kann später einmal bewundert werden. Dann wird man auch die Windräder wie Reliquien instand und in Ehren halten.

Die Zwillinge zeigten uns ihr Zimmer, einen seltsam verwinkelten Raum, die Betten rosa und blau gestrichen, auf dem Boden ein Kuschelbär und ein Spielzeugtraktor. Als ich mich umdrehte, lief meine kleine Tochter bereits hinter den beiden die steile Treppe zum Dachboden hinauf. Ich folgte ihr über die schmalen Stufen, und einen Moment lang wurde mir flau im Magen; meine Höhenangst meldete sich wieder. Doch ich ließ mir wohlweislich nichts anmerken: Konnte sich meine Angst nicht auf meine Tochter übertragen? Ich ging also gespielt selbstsicher hinter ihr her, ein menschliches Fangnetz, wie immer aufs Schlimmste gefasst. Sie aber stieg völlig unbefangen, neugierig und unerschrocken Stufe um Stufe höher. Ganz oben kletterten wir schließlich durch eine offene Luke. Ich spürte, wie sich der Holzboden unter mir bewegte. Wir standen direkt unter der Mühlenhaube. Der Müller kontrollierte den Bunkler, das Zahnrad oben auf der Königswelle, das bei jeder Umdrehung knarrte. An einem Balken hing ein Block Schweinefett zum Schmieren der Flügelwellenlager.

Durch das kleine Dachfenster konnte ich den Polder sehen, den Weg, auf dem wir gekommen waren, die Wiesen, weiß vom Raureif, die Gänse und die schnurgeraden Pappelreihen, und nun sprangen mir die klaren Strukturen des Landes ins Auge, das Linienspiel der Äcker, Gräben und Ringkanäle, von denen sich das bereifte Schilf abhob.

Die Landschaft war mir so vertraut, doch aus dieser Höhe, aus der Mühlenhaube, aus einer neuen Perspektive, trat das ursprüngliche Konzept auf einmal deutlicher hervor, die feinen Bleistiftlinien, die geraden Federstriche – als säße ich an einem Zeichentisch und das streng Geordnete des Polders würde sich plötzlich wie eine Landkarte entfalten. Reißbrettland. Ich schaute eine Weile ruhig hinaus, und einen Moment lang vergaß ich meine Höhenangst. Dies war meine Heimat, dies war das Land, wohin ich immer wieder zurückkehrte. Dies war der Ort, an dem meine Kinder aufwuchsen und durchs Gelände streiften, dies waren die Linien, denen ich nach Hause folgte.

Aufgedreht

»Die Kinder sind so unruhig, bestimmt kommt ein Sturm«, sagte meine Mutter oft kopfschüttelnd. Sie sprach aus ihrer Erfahrung als Lehrerin. In Klassen mit fast dreißig Vorschulkindern hatte sie ein feines Gespür für kleinste Schwankungen der Atmosphäre entwickelt. Kinder und Tiere reagierten als Erste auf Wetterveränderungen, meinte sie, weil sie noch unmittelbar mit der Natur verbunden seien. Bei hoher Luftfeuchtigkeit oder niedrigem Luftdruck kam sie meist erschöpft von der Arbeit nach Hause und ließ sich stöhnend auf das Cordsofa fallen.

Wenn mein Bruder und ich zu laut waren, schickte sie uns nach draußen; an der frischen Luft sollten wir zur Ruhe kommen. Meine Schwester – sie hatte halblanges blondes Haar – blieb drinnen, sie konnte endlos Radio hören. Sie saß im Rollstuhl und war den größten Teil des Tages ans Haus gefesselt. Rückblickend denke ich, dass ich sie vielleicht deshalb so selten richtig aufgedreht erlebt habe. Bei leiser Popmusik saß sie im Wohnzimmer und schaute zu, wie der Regen an den Fensterscheiben herunterlief und der Wind die Zweige der Bäume bewegte, aber nie schienen sich die Turbulenzen draußen auch nur im Mindesten auf ihre Stimmung auszuwirken.

Ich erinnere mich noch an diese Tage, die langen Nachmittage, wenn mein Bruder und ich ins Freie geschickt wurden. Wir holten dann oft unsere Mountainbikes aus dem Schuppen, radelten aus unserer Siedlung hinaus, deren gepflegte Grünanlagen schon bald in Wiesen und Felder übergingen, und fuhren im Slalom über den kilometerlangen Middenweg, eine baumbestandene Polderstraße, vorbei an großen Glockenbauernhöfen mit Rotbuchen als Torwächtern an den Einfahrten. Unter einer alten Kastanie vor einem der Häuser hatte eine Ziege, die mit einer Kette am Stamm festgebunden war, das Gras auf einer kreisrunden Fläche abgefressen. Die Bauern in der Gegend hielten überwiegend Milchkühe, die das halbe Jahr auf den Weiden hinter den Höfen grasten.

Wir hatten alle Zeit und Freiheit der Welt. Wir streiften durchs Gelände, suchten in den Gräben nach Froschlaich, rauchten im hohen Gras Rohrkolben und blieben so lange draußen, bis der Himmel sich rot und schließlich tiefviolett färbte. Erst dann kehrten wir zum

Abendessen nach Hause zurück. Ich kann mich nicht erinnern, dass meine Eltern sich jemals Sorgen darüber gemacht hätten, wo wir uns aufhielten, wie wir unsere Nachmittage verbrachten oder mit wem wir uns trafen. Mein Vater, der ebenfalls Lehrer war und an fünf Tagen in der Woche eine Klasse mit fast dreißig Kindern unterrichten musste, war froh, wenn seine eigenen wilden Kinder am Ende des Tages ausgetobt zurückkamen.

Der Dichter und Philosoph Friedrich Schiller vergleicht Kinder in seiner Schrift *Über naive und sentimentalische Dichtung* (1795/1796) mit Tieren, Pflanzen, Bauern und Angehörigen von Naturvölkern, die für ihn das Natürliche verkörperten. »Sie sind, was wir waren«, schreibt er, »sie sind, was wir wieder werden sollen. Wir waren Natur wie sie, und unsere Kultur soll uns (...) zur Natur zurückführen.«

Nun ist zwar Vorsicht geboten, wenn von der menschlichen Natur die Rede ist, schon wegen der Gefahr der Verallgemeinerung, und doch sehe ich meine Mutter hier durch Schillers Worte bestätigt. Ich habe auch selbst die Erfahrung gemacht, dass Kinder und Tiere instinktiv auf atmosphärische Veränderungen reagieren und damit der Natur näher sind.

So wie früher meine Mutter uns Kinder ins Freie schickte, so sorgte ich mit Anfang zwanzig dafür, dass die Pferde sich austoben konnten, wenn unruhiges Wetter im Anzug war. Die braune Stute, um die ich mich kümmerte, war dann oft wild und bockig, und ich ließ sie sicherheitshalber erst einmal lange im Kreis traben, bevor ich aufsaß. Bei stürmischem Wetter wurde sie unberechenbar. Die Tiere zeigen uns übrigens auch, aus welcher Richtung ein Sturm kommt; Schafe und Pferde stellen sich dann mit dem Hinterteil nach Südwesten.

En plein air

Einige Jahre arbeitete ich in einem Bauwagen hinten auf unserem Grundstück. Der Nachbar hatte ihn an einem Frühlingstag mit einem Sattelschlepper gebracht und mitten durch den Matsch an seinen Platz gefahren. Dort steht er heute noch. Da ich als Mutter dreier kleiner Töchter im Haus kein ruhiges Arbeitszimmer hatte, arbeitete ich oft draußen im »Wagen«, wie wir ihn bald nur noch nannten. Es war ein feuchter Raum mit verrotteten Fensterrahmen und einem mickrigen Elektroheizer, der kaum Wärme verbreitete, sodass ich die meiste Zeit im Schafwollpullover und mit einer Decke über den Knien am Schreibtisch saß. Aber ich hatte den perfekten Blick über die Felder. In den Sommermonaten ließ ich die Tür meist offen, um frische Luft hereinzulassen, und dann drang auch das Gezwitscher der Kohlmeisen und ihrer Jungen herein, im Juni unterstützt vom Quaken der Frösche in den Gräben. Solange ich im Wagen saß, gab es kein getrenntes Drinnen und Draußen mehr, die beiden Welten gingen automatisch ineinander über. Und wenn am Ende des Sommers der Japanische Hafer die Felder grün färbte und die Rispen leise raschelten oder an stürmischen Tagen heftig hin und her wehten, kam es mir vor, als wäre ich mitten auf dem Feld, als wäre ich Teil von allem, was sich bewegte: dem Land, den Vögeln und den Bauern, die auf ihren Traktoren im Schneckentempo vorbeifuhren.

Oft ging ich auf den Feldern hinter unserem Haus spazieren, Ende September zwischen den schwankenden Haferrispen und im Frühjahr quer über die Tulpenfelder – lange Streifen rosafarbener, roter und gelber Blüten, je nachdem, welcher Bauer das Land gerade gepachtet hatte; die Ernte variierte von Jahr zu Jahr. Immer wieder tauchte aus dem Schilf am Graben unversehens eine Gans auf oder ein Reiher, der dort nach Beute Ausschau gehalten hatte. Am schlimmsten waren die Fasane. Sie flatterten urplötzlich vor meinen Füßen auf und schlugen mit den Flügeln, als könnten sie jeden Moment abstürzen. Mir blieb jedes Mal fast das Herz stehen. Nicht weniger schreckhaft waren die Hasen. Machte ich eine abrupte Bewegung, rannten manchmal fünf oder sechs von ihnen gleichzeitig vor mir weg und setzten mit weiten Sprüngen über die Gräben, um nach ein paar Hundert Metern plötzlich innezuhalten, hoch aufgerichtet, die Ohren aufgestellt.

Dann wieder flogen Austernfischer lärmend über mich hinweg; offenbar warnten sie einander mit ihren gleichbleibenden Rufen vor dem Menschen, der da über das Land lief, einem Feind, der Böses im Schilde führte. Einmal habe ich erlebt, wie eine Austernfischermutter ihr Junges alleinließ und davonflog, als sie mich kommen sah. Das Junge tauchte kopfüber ins Wasser. Seinem Schicksal überlassen.

War ich aber im Wagen, konnte ich jede Bewegung draußen sehen, ohne selbst gesehen und als Gefahr wahrgenommen zu werden. Ich schlüpfte in die Rolle einer Vogelbeobachterin oder auch einer Jägerin, die das Geschehen in den Feldern aufmerksam verfolgt und selbst kleinste Bewegungen registriert. Während ich dort saß und schrieb, drang die Landschaft wie von selbst in meine Arbeit ein, und genauso leicht bewegte sich alles in die andere Richtung: Die fiktiven Sperlinge landeten auf den Zweigen der Bäume, Landbesitzer hoben Gräben aus und stritten sich um Grund und Boden, ich schrieb über einen Reiher, der auf einem Bein am Graben stand, und zog dort hinten vom Meer her nicht ein Unwetter auf? Da ich alles direkt vor der Nase hatte, bestand kaum noch ein Unterschied zwischen Drinnen und Draußen, die beiden Welten gingen nahtlos ineinander über.

Ich kann mir vorstellen, dass die holländischen Landschaftsmaler des 17. Jahrhunderts genauso selbstverständlich in ihren Gemälden »ein und aus gingen«, Rembrandt etwa, der an einem Sommertag mit einer Radierplatte durch die Wiesen vor den Toren Amsterdams streifte, an der Amstel entlang und über die weiten Polder, auf der Suche nach den drei Bäumen auf einem Deich. Darüber ein unheilverkündender Himmel. Er muss sich niedergesetzt haben, um durch die Darstellung des Regens den Wind einfangen zu können. Die Kühe und Pferde auf den Feldern, den Angler am Graben.

Auch Vincent van Gogh unternahm von seinem Geburtsort Zundert aus lange Wanderungen durch Felder und Wälder und ließ sich von seiner Umgebung inspirieren. »Ich habe oft ein starkes Verlangen, Landschaften zu machen, um mich einmal zu erfrischen (...), ebenso sehr wie das Verlangen nach einem weiten Spaziergang; ich sehe in der ganzen Natur, z. B. in den Bäumen, Ausdruck und sozusagen Seele«, schrieb er in einem Brief an seinen jüngeren Bruder Theo. Wie die anderen holländischen Landschaftsmaler war auch van Gogh von dem Wunsch beseelt, die Natur so detailliert wie möglich zu erfassen. Da »drückte ich Wurzeln und Stämme direkt aus den Tuben«.

Van Goghs Briefe an seinen Bruder legen so präzise wie poetisch Zeugnis davon ab, was ihm mit seiner Kunst vorschwebte, wie sehr sein Werk in der Natur verwurzelt war. Ich erkenne darin seine Liebe zum Leben auf dem Land, den Drang, die Landschaft, die ihn umgab, in seinem Werk zu verewigen, die Sehnsucht, in die Natur hinauszuziehen. »Diese Woche habe ich etwas gemalt, worin du, glaube ich, den Eindruck von Scheveningen einigermaßen wiederfinden würdest, wie wir es sahen, als wir dort zusammen herumwanderten«, schrieb er an Theo. »Eine große Studie von Sand, Meer und Himmel – ein weiter Himmel von zartem Grau und warmem Weiß, durch das ein einziges Fleckchen weiches Blau schimmert – der Sand und das Meer licht –, sodass das Ganze blond wird (...). Wie ich es male, weiß ich selbst nicht, ich setze mich mit einem frischen Brett vor den Fleck hin, der mich packt – ich sehe nach dem, was ich vor Augen habe –, und sage mir: Aus dem frischen Brett muss etwas werden (...).«

Lange Zeit hat man Landschaften nur im Atelier gemalt. Erst Mitte des 19. Jahrhunderts begannen Künstler wie Daubigny, Dupré und Rousseau, *en plein air* zu arbeiten; mit dem Aufkommen der Farbtube wurde es möglich, die Farbe mit ins Freie zu nehmen. Daubigny ließ sich ein überdachtes Boot bauen, um vom Wasser aus malen zu können. Den Impressionisten der damaligen Zeit muss es ein Bedürfnis gewesen sein, das Spiel von Licht, Sonne und langen Schatten und damit Bewegung einzufangen. Sie müssen genau darauf geachtet haben, aus welcher Richtung der Wind wehte, um Bäume so für die Ewigkeit festhalten zu können, wie ich sie aus dem Werk der Holländer kenne: Gekrümmt stehen sie auf den Deichen. Wie Radler gegen den Wind ankämpfend.

Die holländischen Landschaftsmaler arbeiteten gern mit Spiegelungen. Der Wolkenhimmel wiederholt sich im Wasser, er verdoppelt die Bewegung gleichsam, und die Schönheit der Wolken und der heraufziehenden Regenschauer wird mit besonders dicken Pinselstrichen wiedergegeben. Maler wie Jan van Goyen, Jacob van Ruisdael und Rembrandt benutzten das Wasser der Seen und Gräben als einen Spiegel, der den Himmel reflektierte, den wechselhaften Herbsthimmel, der ihre Bilder so spektakulär macht. Am liebsten malten sie tiefe Horizonte, die genug Raum ließen für alles, was sich hoch in der Luft abspielte: ziehende Wolken, umherfliegende Vögel, von den Luftströmungen über die Polderlandschaft getragen.

Die dramatischsten niederländischen Landschaftsgemälde schuf Jacob van Ruisdael. Da die Farbtube noch nicht erfunden war, musste er notgedrungen im Atelier bleiben und *uyt den gheest* malen, aus dem Kopf. Ihm war jedoch bewusst, wie unbedeutend der Mensch in der offenen Landschaft ist. Oft stellte er Menschen im Schatten der Wolken dar, bei der Feldarbeit, nichtig und klein. Dunkle Gewitterwolken, Kumuluswolken, durch sie hindurchbrechendes Sonnenlicht über den Feldern – darum ging es ihm. Wind und Wasser spielten bei ihm eine beherrschende Rolle. Er machte sichtbar, was wir für selbstverständlich nehmen und nicht mehr sehen, weil wir es täglich um uns haben.

Ich empfinde eine gewisse Verwandtschaft mit van Ruisdael: Auch ich beschreibe meine Figuren am liebsten von oben in der Landschaft, nichtig und klein. Wie Tiere bewegen sie sich fort, ihrer Umgebung ausgeliefert, den Stürmen und Wolkenbrüchen, nicht ahnend, welches Schicksal sie erwartet. Anders als van Ruisdael aber konnte ich über mehrere Jahre in meinem Bauwagen *en plein air* schreiben. Bei rauem, unruhigem Wetter schwankte mein Atelier wie Daubignys Boot im Sturm.

Stille Stunden

Die Siedlung, in der ich aufgewachsen bin – eine ganz normale Wohngegend inmitten eines kahlen Polders –, war umgeben von Wiesen und Weiden, Glockenbauernhöfen und unzähligen Gräben. An warmen Frühlingstagen ging ich oft mit meinem Bruder an einem dieser Gräben angeln. Ich selbst mochte das Angeln nicht, aber ich konnte stundenlang auf einem Klapphocker neben ihm sitzen und einfach nur zuschauen, wie er die Rotaugen, Barsche und Brassen mit ihren weit aufgesperrten Mäulern vom Haken nahm, einen Moment lang zappeln ließ und dann in einen Eimer warf. In meiner Erinnerung bestand das Angeln vor allem darin, nichts zu tun, nur dazusitzen und zu warten, auf kleinste Veränderungen der Wasserfläche zu achten, Hinweise auf die Schemen, die sich in der Tiefe bewegten.

Schon früh am Morgen saßen wir in unseren kurzen Hosen am Ufer eines von Wiesenkerbel und Butterblumen gesäumten Grabens, der Weißdorn stand in voller Blüte, und überall ringsum zwitscherten Vögel. Hin und wieder schickte mein Bruder mich auf Ködersuche. Mit einer kleinen Schaufel grub ich dann im Gras, die Würmer krochen aus der Erde, und ich sammelte sie in einen Behälter. Die meiste Zeit aber saß ich einfach nur träge neben ihm unter den herabhängenden Zweigen einer Trauerweide im leuchtend grünen jungen Laub. An den Ufern ertönte das Balzquaken der Frösche. Windböen fuhren ins Schilf und über die Gräben, fast ohne die Wasserfläche zu kräuseln. Die Taubnesseln streckten ihre weißen Köpfchen zwischen den Brennnesseln hervor, ihren großen Schwestern, bei denen sie am liebsten wuchsen, weil die Ameisensäure in deren Brennhaaren sie schützte; Tiere, die mit der Brennnessel Bekanntschaft machen, lassen die Taubnessel in Ruhe.

Wo sind all die stillen Stunden geblieben? Ich kann mich nicht erinnern, dass wir damals viel geredet hätten … Darum ging es uns auch gar nicht. Unsere Augen waren auf den Schwimmer gerichtet, der wie ein Anker zwischen uns auf dem Wasser lag. Wir waren in Gedanken versunken, mussten nichts müssen. Ich fand es einfach schön, auf dem Klapphocker neben meinem Bruder zu sitzen. Noch heute mag ich es, schweigend neben jemandem zu sitzen, der nichts von mir erwartet und von dem ich nichts erwarte. In einem solchen Zustand der Erwartungslosigkeit kann ein Glücksgefühl aufkommen angesichts der Sonne, die in langen Bahnen aufs Wasser trifft, des Raschelns in den Baumkronen. Mit sieben, acht Jahren hat man den Kopf noch nicht voll mit Pflichten und Erwartungen, man starrt noch nicht fortwährend unruhig in die Zukunft: Essenseinladungen mit Freunden, Pläne für einen Urlaub am Mittelmeer, Karriereziele oder Enttäuschungen und Wünsche in der Liebe – Dinge, die wie eine Ameisenkolonie unsere Gedanken bevölkern und uns leicht den Blick verstellen auf das, was wir direkt vor uns haben: den Schwimmer, der sich jeden Moment bewegen kann.

Ist das der Grund, weshalb sich manches in jungen Jahren Erlebte wie eine Blaupause festsetzt, sodass die Erinnerungen irgendwann plötzlich wieder hochkommen? Bei Kindern ist der Geist noch kaum getrübt, die Sicht entsprechend klar. Und wer im späteren Leben möglichst frei bleibt von Grübeleien und allzu großen Spannungen, wer also wenig hat, worüber er sich den Kopf zerbrechen muss, der wird in der Regel um einiges fröhlicher und entspannter sein. Kleinste Bewegungen registriert er dann automatisch. Ein leichtes Kräuseln der Wasserfläche, den leisen Windhauch, der über den Wiesen aufkommt.

Ich war, so erzählte meine Mutter mir später, ein schüchternes, empfindsames Kind, das sich vollständig an seine Umgebung anpassen, gleichsam darin verschwinden konnte. *The fly on the wall.* Als jüngstes von drei Geschwistern war ich daran gewöhnt, dass mir niemand zuhörte. Ich zog es vor, mich ruhig zu verhalten. Während der Gespräche am Esstisch saß ich meist einfach nur meine Zeit ab. Dass meine Meinung von Belang sein könnte, kam mir gar nicht in den Sinn. Und was ich zu sagen hatte, behielt ich lieber für mich. Vielleicht wurde damals – auf Abstand zum Geschehen, nach innen gewandt – der Keim für mein Schreiben gelegt.

Still sitzen und zuhören.

Gegen Mittag kamen manchmal meine Mutter und meine Schwester und brachten einen Korb mit Trinkpäckchen und belegten Brötchen mit, und dann saßen wir zusammen unter den Bäumen, zwischen uns der Eimer, in dem die Fische schwammen, die später wieder in den Graben geworfen wurden. Meine Mutter lehnte sich auf ihrem Klappstuhl zurück, lauschte dem vertrauten Rascheln des Schilfs und seufzte wohlig in der warmen Geborgenheit ihrer drei Kinder und der fernen Weiden, über die Pferde und bunt gescheckte Kühe wanderten. Ein Frühlingstag wie jeder andere, doch als ich dreißig Jahre später darüber schreibe, sehne ich mich nach ihm zurück.

Weißes Rauschen

Im ersten Jahr nach ihrer Geburt schlief unsere jüngste Tochter tagsüber oft draußen unter den Bäumen. In einem viel zu großen Schneeanzug lag sie unter dem weiten Himmel, die Räder des Kinderwagens voller Erdklumpen. Während sie im stillen Schlafzimmer alle halbe Stunde aufwachte, schlief sie, wie ihre ältere Schwester, an der frischen Luft ruhig und ohne Unterbrechung, als würden die Geräusche ringsum – das Strömen der Luftschichten, das raschelnde Laub der Ulmen, das geschäftige Treiben der Amseln und Dohlen in den Bäumen, das Tschilpen und Zwitschern – zu einem weißen Rauschen verschmelzen, das sie beruhigte.

Wenn sie nach mehreren Stunden wach wurde, lag sie oft noch lange still da und schaute nach oben, als versuchte sie, die Entfernung zwischen dem Kinderwagen und den Wolken abzuschätzen, was sie aber irgendwann aufgeben musste. Manchmal schlummerte sie wieder ein. Der Blick auf Bäume und Wolken war dann nichts anderes gewesen als eine natürliche Unterbrechung ihrer Träume, eine Grauzone, aus der sie wie von selbst in ihr Unbewusstes zurückkehrte.

Meine mittlere Tochter schlief sogar im Freien, bis sie knapp zwei war. Ihre fast mediterrane Hautfarbe erklären wir uns noch heute damit, dass sie so viele Stunden an der frischen Luft verbracht hat. Selbst noch bei mehreren Grad unter null schlief sie mit Mütze und Fäustlingen draußen im Kinderwagen.

Wahrscheinlich sind meine Töchter erblich belastet, denn auch ich schlafe nirgends so gut wie im Freien. Ich erinnere mich lebhaft, wie wir während eines Campingurlaubs im französischen Biarritz auf den hohen Felsen am Meer übernachteten. Nie zuvor habe ich so tief geschlafen wie beim gleichförmigen Kommen und Gehen der Wellen, dem ruhigen Ein- und Ausatmen des Atlantiks. Auch Babys schlafen tiefer, wenn sie auf der Brust der Mutter oder des Vaters liegen und deren Herzschlag spüren. Ein beruhigendes Pochen.

Zu Hause schlafe ich am liebsten bei geöffnetem Dachfenster, um die Geräusche von draußen hereinzulassen – das unaufhörliche Quaken der Frösche, das Rauschen des Windes, das dem Ein- und Ausatmen des Meeres gleicht. Dann fließen die Welt da draußen und meine Träume allmählich ineinander, und nichts bleibt mehr als weißes Rauschen.

Zweiter Teil

Sturm

Himmel

Um sechs Uhr morgens weckt mich das Geschnatter eines Schwarms Gänse. Monatelang waren sie verschwunden, und nun, Anfang September, sind sie plötzlich wieder da und fliegen in V-Formation über die Äcker, auf denen noch vor wenigen Wochen Kartoffeln gerodet wurden. In einiger Entfernung landen sie, wie ein Armeeverband, der ein Stück Land besetzt. Sie suchen nach Nahrung, gehen aufeinander los, picken einander ins Gefieder. Der Boden ist ausgetrocknet und rissig, und über dem Horizont hellt sich der Morgenhimmel tief orangefarben auf. Die Gräben sind ausgebaggert, das Schilf liegt zum Trocknen in Stapeln an den Ufern.

Allein die Vögel als Bewohner des Himmels sind erste Vorboten atmosphärischer Veränderungen. Die Ankunft der Gänse deutet auf einen Übergang hin: längere Nächte, mehr Regen, jagende Wolken, Stürme.

Die Morgenstunden sind feucht und dampfig, und über den Wiesen liegen Nebelschwaden.

Ich bin an das laute Schnattern der Gänse gewöhnt. Jedes Jahr im September fliegen sie über unser Haus hinweg und lassen sich auf den Äckern nieder. Manchmal, wenn ich draußen unterwegs bin, fliegen sie zu Hunderten auf, wild durcheinander, ein gewaltiger Tumult, und im Flug verdunkeln sie die Sonne. In lärmenden Kolonien bleiben sie den ganzen Winter über hier und suchen im kargen Boden nach Nahrung.

Ankunft und Abzug der Gänse lassen sich so genau vorhersagen wie Aufgang und Untergang der Sonne. Das gilt natürlich nicht nur für sie; Jahr für Jahr ziehen große Vogelschwärme auf den Luftströmungen von Skandinavien, Sibirien und den russischen Tundren südwärts, um den Winter in den sumpfigen Poldern Hollands zu verbringen. An einem Ort brüten sie, an einem anderen überwintern sie.

Andere Vögel dagegen brechen schon wieder auf. Wenn die Tage noch warm und schwül sind, verschwinden Schnepfen, Brachvögel und Mauersegler von einem Tag auf den anderen Richtung Süden. Sie wissen, auf welche Windrichtung, auf welche Luftströmungen sie bauen können. Sie wissen genau, welche Routen sie nehmen müssen, und orientieren sich am Magnetfeld der Erde, an Küstenlinien, Gebirgsketten und Flussläufen, am Stand der Sonne und der Sterne.

Die Pfuhlschnepfe kann elftausend Kilometer ohne Unterbrechung über Meere und Kontinente fliegen.

Der südafrikanisch-englische Biologe Lyall Watson hat eine Windskala entwickelt, mit der sich der Einfluss des Windes auf die Vögel messen lässt: Bei Windstärke acht sind nur noch wenige von ihnen in der Luft, bei Windstärke neun wagen sich nur Schwalben und Enten noch weiter, bei Windstärke zehn bleiben alle Vögel am Boden.

Es ist ein schöner Gedanke, finde ich, dass sich diese Vogelschwärme unaufhörlich um den Erdball bewegen – eine Massenwanderung von der nördlichen Halbkugel auf die südliche, aus Hochdruckgebieten in Tiefdruckgebiete und umgekehrt – ein endloser Kreislauf. Sie vertrauen auf ihren inneren Kompass. Irgendwann fliegen sie einfach los; es scheint da etwas zu geben, das auf geheimnisvolle Weise alle gleichzeitig in Bewegung setzt. »Ich glaube«, schreibt Thoreau, »dass es einen subtilen Magnetismus in der Natur gibt, der uns, wenn wir uns ihm unbewusst überlassen, das rechte Ziel vorgibt.«

Im Gegensatz zu den Vögeln muss der Mensch in der Luft auf die Technik vertrauen, und die Triebwerksabgase der Flugzeuge hinterlassen Kondensstreifen am Himmel. Im Sommer, wenn im Luftraum Hochbetrieb herrscht, bilden diese weißen Streifen ein Netz menschlicher Spuren – Kreuze und Flächen, ohne eine klare Richtung. Wir fliegen überallhin.

Der Himmel ist Teil des Polders, die Leinwand, auf der Wolken und Sonnenlicht freies Spiel haben. Er ist die unterste Schicht der Atmosphäre und verändert fortwährend Farbe und Aussehen. An klaren Tagen kann man sich tief liegende Wolken gut als schneebedeckte Gipfel einer Alpenlandschaft vorstellen. Sie bauen sich über dem Horizont auf, scharf umrissen und mitunter spitz zulaufend, dann wieder an den Rändern ausgefranst. Unsere »Berge« sind nicht massiv und in Stein gehauen, sie ziehen in vielerlei Gestalt dahin, werden nie langweilig, und schon kleine Kinder erkennen Formen in ihnen, ein Schiff etwa oder einen Elefanten.

Aristoteles zufolge besteht das Leben in der Bewegung, und wer unter dem holländischen Himmel steht, kommt zwangsläufig zu dem Schluss, dass wir permanenter Bewegung unterliegen (und daher nie wissen, was auf uns zukommt): Wolken bleiben in Form und Farbe keine halbe Stunde gleich. Schäfchenwolken werden zu bedrohlichen Wolkenwalzen, die ihre Schatten auf uns werfen, doch gleich darauf reißen sie auf und geben ein gleißendes Lichtbündel frei. Wir sind den Launen des Moments und den Einflüssen der Zeit ausgeliefert, doch der Blick zum Himmel bringt Gelassenheit mit sich: die Gewissheit, dass nichts von Dauer ist.

Schon Arthur Schopenhauer erklärt in seinen *Aphorismen zur Lebensweisheit*, dass man nicht an einem bestimmten Seinszustand festhalten dürfe; vielmehr solle man sich bei allem, was im jetzigen Moment geschehe, sogleich das Gegenteil vorstellen, »also im Glücke das Unglück, in der Freundschaft die Feindschaft, im schönen Wetter das schlechte, in der Liebe den Hass, im Zutrauen und Eröffnen den Verrat und die Reue, und so auch umgekehrt, sich lebhaft vergegenwärtigen«.

Die Menschen auf dem flachen Land wissen, was auf sie zukommt: Tiefdruckgebiete, Wolkenbrüche, Nebeltage, Aufheiterungen. Es ist ein steter Strom, den man nüchtern betrachten sollte, denn können Freude und Begeisterung nicht schon eine Stunde später in trübsinnigen Nieselregen umschlagen? Flachländer scheinen in der Bewegung Ruhe zu finden. In der Wechselhaftigkeit. Eine trügerische Aufklarung bringt sie nicht aus dem Konzept. Sie bewegen sich im Schatten der mächtigen Wolken wie Marionetten, wie zufällige Spieler, die nichts zu sagen haben zu dem, was über ihren Köpfen geschieht.

Die Niederländer sind gewöhnt an die Wolkenschatten, die sich in langen, geraden Bahnen über das Land schieben, an das plötzliche Durchbrechen der Sonne, die weite Flächen leuchtend grün färbt. Es ist ein Helldunkel-Muster, das alle paar Minuten wechselt, sodass man manchmal das Gefühl hat, sich mitten in einem Weissenbruch-Gemälde zu befinden: ein Segelschiff vor Zeelands Küste, graue Wolken über schäumenden Wogen.

Gleißende Sonne und eine tief hängende graue Wolkendecke bringen das schönste Licht hervor.

Erst kürzlich habe ich es wieder gesehen, als ich mich aus dem Schlafzimmerfenster lehnte und auf den Obstgarten hinuntersah. Zwischen den Bäumen grasten die Schafe, und plötzlich leuchtete das Laub des Kirschbaums orangefarben auf. Es war der Moment kurz vor dem Regen, wenn sich der Himmel bedeckt, die Sonne aber gerade noch scheint, noch einmal aufblitzt, während in der Ferne bereits dunkle Wolken heranziehen. In genau diesem Augenblick war der ganze Polder plötzlich in ein magisches goldgelbes Glühen getaucht. Es währte nur wenige Minuten, dann fielen Regentropfen leise auf das Laub, und das Licht erlosch.

Wild

Als Pythagoras gefragt wurde, warum er lebe, antwortete er: »Um den Himmel zu betrachten.«

Aristoteles, *Protreptikos*

Wer auf dem Land lebt, muss manchmal auch bei schlechtem Wetter hinaus. Es ist verlockend, dieses Naturgesetz zu ignorieren: Warum nicht im Haus bleiben, in der Wärme unserer vier Wände? Doch wer hofft, das Tief werde in einiger Entfernung an ihm vorüberziehen, wer den grauen Tagen – wehende Zweige, platt gedrücktes Gras – nicht ins Auge blickt, der muss damit rechnen, dass sich die Unruhe irgendwann in ihm selbst festsetzt. Sie macht ihn trübsinnig und nervös, so als hätte sich der Sturm nach innen gewendet und würde nun durch die eigenen Adern fließen.

Also nichts wie hinaus ins Freie.

Der Herbst im Polder verlangt stabile Beine und einen starken Geist. Sobald ich das Haus verlasse, kämpfe ich gegen den Wind an, alles stellt sich mir entgegen, und es gilt, dem Schicksal die Stirn zu bieten, in stoischer Tradition von vornherein mit Rückschlägen zu rechnen. Durch Wind und Wetter, gebeugt, die rechte Schulter vorgeschoben, folge ich der Straße in südwestlicher Richtung. Der Sturm fegt durch die hohen Pappeln der Nachbarn, und es ist kaum möglich, geradeaus zu gehen. Eine Gans flattert im Zickzack über den grauen Himmel, scheinbar gewichtslos hin und her geweht; auch sie tut sich schwer, eine gerade Linie einzuhalten. Der Regen prasselt auf meine fest zugebundene Kapuze, die Jeans kleben mir an den Beinen. Man muss Widerstand aufbauen gegen den Südwestwind.

Kilometerweit kann ich so wandern.

Ein Gang im Sommer ist angenehm wie ein Atemhauch an der Wange, ein Gang im Herbst aber ist etwas ganz anderes. Spüre den Atem des Windes im Nacken! Seine schiebenden Hände im Rücken. Die schweren Stürme im Oktober und November sind es, die uns auf die Probe stellen. Mit dem Wechsel der Jahreszeiten nehmen die Luftströmungen Fahrt auf. Zu Beginn des Herbstes ist das Meer noch warm vom Sommer, und die Luft steigt auf. Die Atmosphäre verändert sich.

Auf den tiefer gelegenen Weiden grasen die letzten Kühe, unweit der umgepflügten Äcker, auf denen vor ein paar Monaten noch der Mais stand. Die eisernen Strommasten reihen sich wie riesenhafte Wesen in der Landschaft auf, zum Horizont hin immer kleiner werdend, und der Wind pfeift um die Hochspannungsleitungen.

Von solch stürmischem Herbstwetter merkt man nichts, wenn man sich zu Hause oder im klimatisierten Büro verkriecht, auf dem Schreibtisch der Laptop mit digitaler Wiedergabe grüner Pflanzen und Bäume. Man kann ohne Weiteres stundenlang so sitzen. Nachrichten verschicken an andere Menschen vor anderen Bildschirmen, so lange, bis man müde und benommen ist und die Hektik der modernen Zivilisation dafür verantwortlich machen kann. Man hat ja so viel zu tun! Und während wir uns rechtfertigen, wird es immer schwieriger, aus dem Haus zu gehen … Auch mir kann es schwerfallen, das Wohnzimmer zu verlassen, wenn ich nur lange genug sitzen bleibe, gefangen in der Schleife des Algorithmus und von der Fußbodenheizung unter meinen Füßen.

Doch selbst ein bewölkter Tag bietet noch genug Licht, um uns aufzuheitern. Genug Sauerstoff, um uns klarer denken zu lassen. Und sei es nur für eine halbe Stunde.

Wer übrigens abseits der ausgetretenen Pfade wandern will, der wird im Polder enttäuscht; man braucht also vor allem einen freien Geist. Frühere Polderbewohner haben die Routen festgelegt, und sie führen ausschließlich über schnurgerade Straßen und genau abgezirkelte Fußwege. Meine Wanderungen folgen alle einer bestimmten Strecke, und ich muss mich an die vorgezeichneten Linien halten.

Die Felder der Bauern sind von Elektrozäunen umgeben. Überall Schilder mit der Aufschrift »Zutritt verboten«, »Privatweg« oder »Kein Durchgang«. Man entkommt ihnen nirgends, und manchmal fragt man sich, wem das Land eigentlich gehört. Dem zufälligen Wanderer jedenfalls nicht. So bleibt nichts anderes übrig, als über Hecken und Zäune zu klettern und quer durchs Gelände zu laufen, das bis auf den letzten Quadratmeter Privateigentum ist. »Der Erste«, so erklärt Jean-Jacques Rousseau diesen Besitzdrang, »der ein Stück Land eingezäunt hatte und es sich einfallen ließ zu sagen: *dies ist mein*, und der Leute fand, die einfältig genug waren, ihm zu glauben, war der wahre Gründer der bürgerlichen Gesellschaft.«

Nur die Deiche gehören allen. Zahllose Menschenhände habe sie errichtet, und man hat sie zu Gemeinschaftseigentum gemacht. Der Grasweg auf dem Deich ist von Disteln und Brennnesseln bedeckt, die seit August stark wuchern, und da hier noch immer keine Schafe weiden, reicht mir das Gras fast bis zur Taille. Am Ufer hat eine junge Weide Wurzeln geschlagen. Die roten Schilfwedel neigen sich im Südwestwind, das Wasser schwappt gegen die Ufer des Kanals, und über den Feldern singt der Wind. Ich ziehe den Reißverschluss meiner Jacke weiter zu. Mit jedem Schritt gelangt mehr Sauerstoff in meine Lungen, Ruhe breitet sich in mir aus, und ich bin mir ganz und gar einig mit Gustave Flaubert, wenn er sagt: »Zwischen mir und der Landschaft, die mich umgibt, herrscht seelische Übereinstimmung.«

Ich laufe den ganzen Deich ab, kehre dann um und gehe an seinem Fuß zurück. Jetzt habe ich den Wind im Rücken. Das ist wichtig, denn nun kann mir nichts mehr passieren. Der Rückweg muss sich anfühlen wie der Abstieg von einem Berg, als bekäme man einen Schubs von hinten. Die Route, die ich wähle, gehört zu dem wenigen, worauf ich Einfluss habe, alles Übrige wurde höheren Ortes entschieden.

Abschlussdeich

Ich war knapp fünfzehn, als mein Bruder auf die andere Seite des Abschlussdeichs zog. Im September, zu Beginn des neuen Studienjahrs, packten wir seine Sachen in einen Mietanhänger und deckten sie mit einer Plastikplane ab: sein Bett, auf dem wir als Kinder herumgehüpft waren, den ledernen Ohrensessel, eine Sporttasche mit Hosen und Kapuzenpullis.

Das Studentenwohnheim lag in einer Stadt ganz im Norden – ein Hochhaus, ringsum andere Hochhäuser und viel Beton, sodass das Studentenzimmer mit seinem grauen Linoleumboden und den dünnen Wänden noch enger wirkte. Lediglich ein Lichtstreifen fiel herein.

Was sollte mein Bruder in dieser Stadt? Wo waren die Gräben, die Wiesen und Weiden? Wo war die hohe Birke mit den silbrig schimmernden Blättern, die wir jeden Morgen aus unseren Fenstern sahen?

Mein Bruder lief an diesem Tag frisch und munter hin und her, er schleppte Tische und Stühle, hängte Jeans und Hemden in den Schrank, faltete seine Pullover und schien richtig Lust zu haben auf sein Geschichtsstudium, auf dieses neue Abenteuer, in diesem Studentenzimmer mit seinen Regalen voller Bücher über andere Kulturen und politischer Schriften.

Ich weiß noch genau, wie ich während der Heimfahrt auf der Rückbank unseres VW Passat kniete und hinausschaute. Kilometerweit erstreckte sich der Abschlussdeich vor mir.

Plötzlich lag das Ijsselmeer zwischen uns.

Ein weiches, dunstiges Licht hing über dem Wasser, und die Segelboote drifteten südwärts. Auf Holzpfählen an den Ufern ließen Kormorane ihr Gefieder trocknen. Möwen segelten quer zum Wind abwärts und tauchten im Sturzflug nach Aalen und Brassen, die dicht unter der Oberfläche schwammen.

Der zweiunddreißig Kilometer lange Abschlussdeich bildet die Verbindung zwischen den Regionen Westfriesland und Friesland, einst ein zusammenhängendes, nur durch das schmale Seegatt Vlie geteiltes Gebiet. Um das Jahr 700 war Friesland ein großes Königreich, das aus einzelnen Feldern und Inseln bestand. Bis schließlich die Sturmflut kam. 1287 riss die »Luciaflut« einen Teil der Küste ins Wattenmeer, Westfriesland wurde dauerhaft von Friesland getrennt, und der Wasserwolf drang ins Land vor.

Nun lag das Ijsselmeer zwischen den beiden Landesteilen.

Hier hatte mein Bruder im Sommer noch auf dem Surfbrett gestanden, im Trapez hängend, den Oberkörper weit zurückgelehnt, in gerader Linie durchs Wasser pflügend, scheinbar schwerelos, von der Luft getragen.

Und jetzt befand er sich auf der anderen Seite des Damms.

Jedes Wochenende fuhr er mit dem Bus über den Abschlussdeich nach Hause, und mit jeder Woche wurde der Blick in seinen Augen fremder. Die Fahrt, obwohl auf gerader Straße, schien ihn vom Kurs abzubringen. Oft saß er stundenlang bei geschlossener Jalousie in seinem Zimmer. Manchmal las er, akribisch, Zeile für Zeile, und machte sich Notizen in ein Heft, als sei er einer Sache auf der Spur, die wir anderen übersehen hatten.

Er redete wenig, war manchmal schroff, und wenn er etwas sagte, dann ging es um große Fragen, den Kommunismus, die Weltpolitik, als sei das, was er direkt vor Augen hatte, nicht mehr von Belang: die Dohlen, die in die hohe Pappel einfielen, die schnurrende Katze in der Spätsommersonne. Man wusste nie, ob die Gespräche mit ihm in einen Streit ausarten würden oder ob er wortlos und mit nachdenklichem Blick in seinem Zimmer verschwinden würde. Immer wieder fragte ich mich, ob er sich nicht mehr wohlfühlte mit uns oder ob er seine Zeit einfach lieber allein bei seiner Leselampe verbrachte. Samstagabends ging er in seine Stammkneipe, hörte Grunge und Hip-Hop, kiffte und trank mit seinen alten Schulfreunden, die er vermisste, weil er sie kaum noch sah.

Es war, als erwachte jedes Mal ein anderer Mensch in ihm, wenn er den Abschlussdeich überquerte, diesen gewaltigen Damm, der einst errichtet worden war, um uns vor Stürmen und Springfluten zu schützen. Stein um Stein hatten die Holländer ihn aufgebaut, sie hatten die Natur ihrem Willen unterworfen und eine Verbindung von einer Region zur anderen geschaffen, die es uns leicht machte, dort hinüberzugelangen. Niemand konnte damals wissen, dass viele Jahre später ein Achtzehnjähriger mit tief liegenden dunklen Augen den Damm Woche für Woche im Bus überqueren und aufs Wasser hinausblicken würde, auf die Wellen, die an die Ufer schlugen, und dass die Wirrnis in seinem Innern und die Entfremdung zwischen ihm und der Familie unaufhaltsam wachsen würden.

Abschlussdeich

Im Bus gleich einem Zimmer fahrn wir durch die
Nacht
Die Straße schnurgerade, der Deich endlos
Links liegt das Meer, gezähmt, doch ruhelos,
Wir schaun hinaus, ein kleiner Mond scheint sacht.
(…)
Die Fahrt ist ohne Ende, ohne Anfang
Es gibt nicht Zukunft noch Vergangenheit,
Nur dieses sonderbar gespaltne, lange Heut.

M. Vasalis, aus: *Verzamelde gedichten*

Nase im Wind

Einmal im Jahr erheben die Holländer das Laufen mit dem Wind zur höheren Kunst. Am zweiten Weihnachtsfeiertag begeben wir uns in Scharen ins Freie. Ganze Familien wandern dann den Strand entlang, in Wollmänteln und Glitzerkleidern, die unter Anoraks hervorschauen. Kinder und Hunde rennen voraus – schwerelos, auf leisen Sohlen –, der Rest der Gesellschaft läuft gekrümmt hinterher. Die Kiefer starr vor Kälte, die Augen zusammengekniffen. Gesprächsfetzen verwehen im Wind. Weiße Weihnachten sind in den Niederlanden eine Seltenheit; weit häufiger herrscht »Schietwetter«, wie meine Schwiegermutter es nennt, mit viel Wind und Regen.

Teile des breiten Sandstrandes hat die Flut weggerissen. Das Wasser schäumt in weißen Flocken auf den Sand. Weiter landeinwärts liegt die Dünenlandschaft, silberfarbener Sand, wehender Strandhafer, und zwischen den Wolken, die sich wie Gardinen auf- und zuschieben, kommt die Sonne durch. Die Luft ist dick und schwer, von Wassertropfen gesättigt, und die Wolken, teils fast durchsichtig, teils dunkelgrau, schieben sich in Schichten übereinander. Lichtbündel – *fingers of God* – fallen aufs Meer und brechen das Himmelsgewölbe auf.

Wie Vieh wandern die Menschen in einem langen Zug nach Süden, andere haben bereits den Rückweg nach Norden angetreten. Sie lehnen sich in den Wind, und ihre Jacken blähen sich hinter ihnen wie Fallschirme. Ob es regnet oder ob uns Windstärke sechs um die Ohren fegt – es spielt keine Rolle, im Gegenteil, es macht das Ganze nur noch besser. Kaum vorwärtszukommen ist ein Plus. Ein Muss. Und die Kunst besteht darin, direkt gegen den Wind anzulaufen, freudig und ohne jedes Selbstmitleid, in dem Wissen, dass man besser daran tut, den Widrigkeiten des Lebens ins Auge zu blicken. Man könnte sogar sagen, dass diese sture Unbeugsamkeit in unserem Volkscharakter liegt.

Sich kräftig durchpusten zu lassen heißt, sich abzumühen, mit gekrümmtem Rücken, den strömenden Regen im Gesicht, allem die Stirn zu bieten, den Körper zu spüren, den Herzschlag, das Blut, das durch die Adern strömt. Denn geht es nicht letztlich darum, den Kopf freizubekommen? Wer den eisernen Gegenstrom einmal bezwungen hat, kann sich darauf freuen, dass danach alles geschmeidiger läuft. Man muss nur umkehren und sich nordwärts wenden, um es zu fühlen.

Hinterher steht uns der Sinn nur noch danach, uns aufzuwärmen, in einem Strandcafé mit Blick aufs Meer, die Hände um eine Tasse mit heißer Schokolade geschlossen. Jetzt kann sich der Körper endlich entspannen. In seiner Erzählung *Der Schnorrer* (1911) schreibt Nescio: »Einer, der es genoss, wenn ihm der salzige Seewind um die Nase wehte, ihn bis auf die Haut durchweichte, der mit der Zunge das Salz auf den Lippen kostete, weil es so ›verdammt gut‹ schmeckte; der abends an seinen Händen schnupperte, um das Meer einzuatmen.«

Das Abrackern liegt in unserer Natur. Es wurzelt in unserem calvinistischen Geist mit seinem hohen Arbeitsethos, das uns drängt, uns erst einmal abzumühen, bevor wir uns entspannen dürfen. Denn harte Arbeit ist der Gipfel des Erreichbaren oder zumindest ein Schritt hin zum Göttlichen. Sich einfach nur so zu entspannen, das ist eher etwas für unsere südlichen Nachbarn. Die können ihre Nachmittage ungeniert vertrödeln, auf einer Sandbahn Boule spielen, über Boulevards flanieren oder auf Klappstühlen unter Sonnenschirmbäumen Wein trinken. Alles ohne ein bestimmtes Ziel, nur zum Vergnügen. Für Nordlichter undenkbar! Wir verdonnern uns dazu, selbst noch an einem Feiertag unserer Arbeitsmoral Genüge zu tun und den Kampf gegen die Elemente aufzunehmen.

Stramm marschierend.

Im Rhythmus unserer eigenen Schritte.

Dass wir uns am zweiten Weihnachtstag so durchpusten lassen, hat noch einen anderen Grund. Die Feiertage sind heute geradezu eine gesellschaftliche Institution, die uns, wenn wir nicht aufpassen, träge und übellaunig macht. Für diese beiden Tage ziehen wir uns in den Privatbereich unserer Häuser und Familien zurück wie in einen abgeschotteten Königshof. Wir vergessen dabei, dass wir uns als Gegenleistung für Wärme und Geborgenheit in der Familie an strenge Regeln halten müssen. Auf dem Samtsofa zurückgelehnt, in der Ecke der laufende Fernseher, auf dem Couchtisch Cracker und Wein, wahren wir eine Etikette, bei der sich unseren Jäger-und-Sammler-Ahnen der Kopf gedreht hätte. Wir kämpfen uns durch Aperitifs und stundenlange Festessen mit korrekten Tischmanieren – nicht schmatzen, das Besteck vorschriftsmäßig platzieren – und sitzen dann steif und benommen noch lange zusammen.

Ich erinnere mich lebhaft, wie unsere Töchter die Flucht ergriffen, sobald sich die Gelegenheit bot. Sie zogen es vor, unter dem Tisch zu hocken und wie junge Hunde auf einer Brotkruste oder einem Hähnchenschlegel herumzukauen. Die Jüngste spuckte ihr Essen manchmal aus, wenn es ihr nicht schmeckte. Einmal, als wir sie zu sehr drängten, warf sie es quer durchs Zimmer. Wir wussten uns keinen Rat. Ihr waren die Benimmregeln offensichtlich noch nicht in Fleisch und Blut übergegangen. Bei den beiden Älteren aber sehen wir, wie sich Zivilisiertheit mit den Jahren ganz von selbst einstellt: Wir verwachsen immer mehr mit der Kultur und werden Teil von ihr. Wir wissen, was sich gehört.

Doch irgendwo, tief in unserem Innern, schlummert noch eine kindliche Sehnsucht, uns davon zu lösen. Unter dem Tisch, zwischen den blank geputzten Schuhen der Erwachsenen, an einem Stück Fleisch zu kauen. Wie ja auch nicht jedes Tier domestiziert werden muss: Einige halten wir uns zur Nahrungsproduktion, die meisten aber grasen auf Prärien oder jagen in Wäldern, nicht um unserer Versorgung, sondern um der Erhaltung der Artenvielfalt willen.

Der Mensch muss seinen Käfig auch hin und wieder verlassen können, aus dem Wunsch heraus, seine Impulsivität zu erkunden, aus einem tierhaften Instinkt, sich von der Gesellschaft zu entfernen.

Vom Sturm gepeitscht, finden wir etwas von unserer ursprünglichen Wildheit wieder.

Etersheim

Keinen halben Kilometer vor der Küste des Markermeers liegt ein versunkenes Dorf. Vor gut vierhundert Jahren wurde es von einer Sturmflut der Zuiderzee verschlungen und verschwand für immer auf dem Meeresgrund. Sein Name – Etersheim – bedeutet so viel wie »äußerste Wohnstätte«.

Es war kein kleines Dorf. Um die zweitausend Menschen müssen dort gelebt haben, und die Straßen waren von Vertretern verschiedenster Ränge und Stände bevölkert, von Kindern und Alten und vor allem von Viehhaltern, die ihre prächtigen Rinder auf den Wiesen außerhalb des Dorfes weiden ließen.

Wie auch immer – nicht lange nach dem schicksalhaften Tag wurde ein neues Etersheim erbaut, einen halben Kilometer weiter landeinwärts, in sicherer Entfernung zur Küste. Ein hübsches Dorf, in dem man heute einfach umherspazieren kann, mit kleinen Häusern unter roten Dächern, einer malerischen kleinen Schule, die in einer beliebten Kinderbuchreihe (*Dik Trom*) verewigt wurde, und einer Kirche, die nach jeder Flutkatastrophe wieder aufgebaut werden musste; heute steht nur noch der Stumpf ihres Turms. Irgendwann schien niemand mehr im Dorf ernstlich daran geglaubt zu haben, dass dieser Kirche noch ein langes Leben beschieden sein würde, und man hat den Gedanken an einen Wiederaufbau des Turms schließlich aufgegeben.

Die Niederlande sind kein Land der Jahrhunderte überdauernden Burgen und Kathedralen; hier ist alles auf Zeit gebaut. Was heute existiert, kann eines Tages ans Meer zurückfallen. Niemand weiß, wann Sonne, Mond und Erde in einer Linie stehen werden, wann es zu stürmen beginnt und eine Springflut kommt.

Ich sitze auf einer Bank an der Hauswand des Poldercafés, das Gesicht der Sonne zugewandt, die hoch über dem Deich und den angrenzenden Wiesen steht. Es ist ein einsamer Ort. Das hohe Gras auf der weiten Fläche bewegt sich vor dem blauen Meer des Himmels in Wellen hin und her. Hinter dem Deich beginnt das Ijsselmeer. In der Ferne ertönt der Ruf der Schnepfe, die ihren eigenen Namen singt.

Ich befinde mich am tiefsten Punkt Nordhollands, fast sieben Meter unter dem Meeresspiegel. Von meinem Platz aus sehe ich die Braakmühle und einen Wanderweg, der sich zwischen den fruchtbaren Feldern bis zum Ijsselmeer schlängelt. Weit hinten gehen zwei Frauen, die vorhin an mir vorbeigekommen sind. Damen mittleren Alters. In Wanderschuhen. Ein sonniger Tag, werden sie am Morgen gedacht haben, ein guter Tag zum Wandern, und wahrscheinlich sind sie schon mit dem Gedanken aufgestanden, am Ijsselmeer entlangzulaufen, den Wind und die Sonne auf den Wangen zu spüren. Ich schaue ihnen nach, bis sie hinter dem Deich verschwinden.

Dann stehe ich auf. Ich nehme denselben schmalen Weg wie die beiden, quer durch den Polder, an Wiesen und Weiden entlang, bis ich auf dem Deich stehe und aufs Ijsselmeer hinausblicke. Zu meinen Füßen das versunkene Dorf – nichts als Wasser.

Es gibt in den Niederlanden Hunderte von Dörfern, die in den vergangenen Jahrhunderten untergegangen sind; vermutlich sind es noch viel mehr. Einfach von der Landkarte gefegt, ohne eine Spur zu hinterlassen. Seltsamerweise aber, könnte man sagen, sind wir kein melancholisches Volk, was ja naheliegend wäre in einer so durchorganisierten Landschaft, in der wir dennoch den unberechenbaren Launen unserer Umgebung ausgeliefert sind. Doch unser Pragmatismus drängt die Melancholie immer wieder zurück. Wir schaufeln und graben, legen in sumpfigem Gelände, das unter unseren Füßen nachgibt, ein effizientes Entwässerungssystem an. Wir arbeiten. Wir schütten die Gräben zu. Lieber so, als dass wir die Dinge zu schwer nehmen oder in der Melancholie der Portugiesen versinken, ihrer *saudade*, dem Gefühl von Sehnsucht und Verlust. Der Anwesenheit der Abwesenheit. Dabei ist nichts weniger wahr als dies: Die Anwesenheit der Abwesenheit ist in dieser Landschaft allgegenwärtig.

Vor ein paar Jahren haben wir auf unserem Grundstück eine Eiche gepflanzt, genau in der Mitte einer der Pferdekoppeln, umgeben von einer jungen Weißdornhecke. Der Baum war noch keine drei Meter hoch und erinnerte mit seinen kahlen Ästen und der dünnen Rinde an einen schlaksigen Teenager. Wir setzten ihn tief in die Erde und stützten ihn mit Baumpfählen und Gummigurten ab. Da stand er nun, ein blutjunges, mageres Ding. Was wohl aus ihm werden würde?

Eichen können offenbar bis zu neunhundert Jahre alt werden. Wir pflanzten sie daher mit der Idee im Hinterkopf, dass sie sich zu einem vollwertigen erwachsenen Baum entwickeln würde, und in der Hoffnung, dass sie zumindest uns überleben würde, im besten Fall um mehrere Jahrhunderte, als lebendes Andenken für unsere Nachkommen: *Hier haben wir gewohnt, denkt an uns!* Tragischerweise sind neunhundert Jahre in diesem

;dornbäume am Westfriesischen Ringdeich, einem Symbol für den
iergeist der Menschen im Kampf gegen das Wasser

Texelschafe auf dem Deich bei Hensbroek

Die pyramidenförmigen Dächer der Glockenbauernhöfe, wie hier bei Hensbroek, sind typisch für die Landschaft.

Pappeln im Nebel an einer Polderstraße bei Oostmijzen

-herde in den Dünen von Petten: Der Wind prägt das flache Land und
Bewohner.

kop-Rinder im Moordenaarsbraak-Naturschutzgebiet

Kopfweiden bei Beemster

Braakmühle bei Etersheim: Sie hilft bei der Entwässerung des Polders, d
vor etwa vierhundert Jahren nach einem Deichbruch entstanden ist.

Tiefland eine sehr lange Zeitspanne, ein Alter, das nur wenige Bauwerke erreichen. Ohnehin überdauert hier nicht viel, schon gar nicht lebende Materie, und daher ist es fraglich, ob unsere Eiche so lange durchhält, oder besser, ob unsere Ururenkel sie noch erleben werden. Wer garantiert mir, dass dieses Stück Land, dieses Grundstück, auf dem ich wohne, dann noch existiert? Überall um mich herum sehe ich versunkenes Land.

Der Mensch ist hartnäckig und ausdauernd, aber die Bäume sind gewitzter. Vor allem die jungen Weiden, die man in dieser Gegend da und dort sieht: Sie wachsen schlauerweise mit den Füßen im Wasser, passen sich ihrer Umgebung – ein unentrinnbares Netz von Kanälen, Seen, Teichen, Gräben und Moorweihern – auf natürliche Weise an. Auch um das verschwundene Etersheim herum wurzeln die Weiden wie selbstverständlich im Graben. Manche stehen sogar bis an die Knie im Wasser. Es ist erstaunlich, wie bereitwillig die Natur ihre Trickkiste öffnet und sich auch unter widrigsten Bedingungen behauptet.

Ich gehe am See entlang; das Wasser schwappt an die Ufer. Im Norden ziehen weiße Segelboote vorüber.

Das heutige Markermeer war lange Zeit Teil der wilden, unberechenbaren Zuiderzee, die mit dem dreißig Kilometer langen Deich gebändigt wurde, einem eindrucksvollen Bauwerk, das von Den Oever bis nach

Friesland reicht. Das Meer konnte nun nicht mehr ungehindert ins Land strömen, es wurde zum See.

Ich stehe am Ufer und versuche, mir vorzustellen, wie die Zuiderzee einst das Land überflutete. Meer und Land waren eins, und immer wieder gewann das Wasser die Oberhand. *Waterwolf* – »Wasserwolf« – nannten die Niederländer das Meer. Sie lebten mit der ständigen Bedrohung, der Angst vor dem Moment, da er angreifen würde. Er war eine stille Präsenz, und man musste wachsam sein.

Betrachtet man eine alte Karte Nordhollands, sieht man genau, wo sich der Wasserwolf aufhielt. Vom Wind begünstigt, fraß er sich ins Land, und allenthalben entstanden Inseln und Binnenseen. Wasser und Land. Ein zerfressenes Land. Alle Ortsnamen erinnern an die Folgen der Flutkatastrophe: Obdam, Hensbroek, Weel und Braken, Berkmeer und Wogmeer. Ein *dam* (Damm) hält das Wasser zurück, *broek* (Bruch) verweist auf sumpfigen Boden, *braak* (Einbruch) steht für ein Loch im Deich, und ein *weel* (Kolk) ist ein tiefer, durch einen Dammbruch entstandener Tümpel.

Auch im alten Etersheim ließen Stürme und Springfluten in der nassen Jahreszeit das Wasser steigen, es raste schäumend bis weit ins Land hinein, und die Deiche brachen. Ich stelle mir vor, wie es ganze Felder fortspülte und durch die Straßen strömte, wie es Scheunen, Häuser und die Kirche mitriss, Kühe und Schafe auf dem Meeresgrund verschwinden ließ. Bis der Frühling kam, war das Dorf wie Atlantis vor der Küste versunken.

Würde man dort hinabtauchen, würde man dies sehen: leere Kopfsteinpflasterstraßen, gesäumt von den Ruinen der Häuser, eingestürzte Dächer, zerfallene Mauern. Wer genauer durchs trübe Wasser späht, erblickt die Überreste von Küchen, die fluchtartig verlassen wurden, Töpfe und Pfannen noch auf dem Boden. Fische schwimmen durch leere Keller. Über dem kleinen Krämerladen gleitet ein Hecht durch den Rahmen dessen, was einmal eine Tür war. Auch die Dorfschule ist unter einer Schlick- und Tangschicht verschwunden, und nichts erinnert mehr an das Klassenzimmer mit den Tischreihen, an die Kinder, die hier morgens hereinkamen, den Lehrer begrüßten, Wichtiges lernten und das Einmaleins eingetrichtert bekamen, vieles, wovon wir heute nichts mehr wissen und was auch nicht mehr wichtig ist.

Der Überlieferung zufolge soll irgendwo in dem Dorf ein Schatz vergraben sein, zurückgelassen von einem Viehhalter, der seine Steuern nicht zahlen wollte und vor den Spaniern flüchtete; hin und wieder machen sich Taucher auf die Suche nach dem Gold. Ein Schatz, der aus der Erinnerung gehoben wird, ist zweifellos das Doppelte wert.

Ich gehe bis zum Deichfuß, wo sich zwei Schafe grasend schräg aufwärtsbewegen. Zwischen ihnen steht ein großes Schild mit der Aufschrift »Starke Markermeerdeiche, sichere Zukunft«. Ab hier ist der Weg gesperrt, weiter geht es nicht. Halb auf der Böschung steht ein großer, mit Erde beladener Laster, rot-weißes Absperrband flattert im Wind, und weiter hinten warnt das Schild einer Tiefbaufirma: »Treibsand – Lebensgefahr!« Ich bleibe in sicherer Entfernung stehen. Nahe am Ufer liegen zwei Schiffe, die in gleichmäßigem Rhythmus Unmengen Sand aufspülen.

Vor der Küste hat man eine schmale Insel aus Sand und Klei aufgeschüttet, einen Küstendamm, der als Wellenbrecher für den ursprünglichen, dahinterliegenden Deich dienen soll. Die Deiche werden verstärkt. Wir deichen ein und entwässern. Über viele Kilometer. Wegen des Klimawandels müssen in den kommenden Jahren die Markermeerdeiche von Hoorn bis Amsterdam auf ihrer gesamten Länge von dreiunddreißig Kilometern verstärkt und verbreitert werden, um den steigenden Wasserspiegel und den absinkenden Boden im Gleichgewicht zu halten. Das dahinterliegende Land und die Menschen müssen geschützt werden. Es ist ein Mammutprojekt: sechs Jahre und tonnenweise Erde, per Schiff herangeschafft.

Es ist ein Kommen und Gehen von Schiffen und Sprühpontons, die im hohen Bogen Schlick aufspülen.

Hier wird das Wasser in großem Stil unter Kontrolle gebracht – für die Holländer das Normalste der Welt. Wir kennen es nicht anders. Die Deichkörper aus Klei und Sand sind wie unsere eigenen Arme und Beine.

Doch unter den Dorfbewohnern regt sich auch viel Widerstand: Ist das wirklich nötig? Die Deiche sind doch nicht gebrochen. Was stimmt denn nicht mit ihnen?

Es ist das erste Mal in der Geschichte, dass die Deiche an dieser Stelle erhöht werden, ohne dass eine unmittelbare Gefahr besteht. Ohne Durchbrüche, überschwemmte Straßen und ertrunkenes Vieh, einzig aufgrund des vorausschauenden menschlichen Blicks. Computergesteuert. Aufgrund der Annahmen von Wasserbauexperten, die sich auf Zahlen und Berechnungen stützen. Auf Wahrscheinlichkeitsrechnungen.

Jahrhundertelang haben die Menschen nach jeder Überflutung die Deiche mit bloßen Händen erhöht. Es muss eine endlose Schufterei mit Schaufeln und Schubkarren gewesen sein, denn nach jedem Durchbruch blieb ihnen nichts anderes übrig, als wieder einen neuen Deich zu bauen, wieder ein Stück weiter landeinwärts. Das Wasser gab den Ton an. Das war es, was Paul Claudel *élasticité secrète* nannte: die grundlegende kinetische Eigenschaft eines Landes, in dem es keine klare Grenze zwischen den Elementen Erde und Wasser zu geben, in dem sich der unendliche Himmelsraum fortwährend zu verändern schien. »Ebenso wie Holland rings um uns eine Art Vorbereitung auf das Meer ist«, so sinnierte er, »eine Einebnung aller Erhebungen, ein Gleichmachen bis hinein in das Aussehen der Oberfläche, eine Vorwegnahme des Wassers durch das Gras, ebenso braucht man mich auch nicht allzu sehr zu drängen, bis ich behaupte, dass die Absicht der holländischen Malerei gewissermaßen in einer Auflösung der Wirklichkeit bestehe.«

Wie auch immer – jedes Dorf war für Bau und Unterhaltung eines Deichabschnitts zuständig. Die Verantwortung lag bei den Bewohnern. Die Abschnitte wurden wiederum unter den Bauern aufgeteilt. Jeder musste sich selbst um sein kleines Deichstück kümmern, musste es eigenhändig instand setzen oder erhöhen. Hatte der Deich dem Ansturm der Wogen nicht standgehalten, musste ein neuer errichtet werden, noch weiter landeinwärts. Vernachlässigte ein Bauer seinen Abschnitt, bestand die Gefahr, dass das Land überflutet wurde. Der Deich war nur so stark wie sein schwächstes Glied.

Jahrhunderte später steht uns das Wasser bis zum Hals. Der Wasserwolf pirscht sich aus der Zukunft heran, und an dem Tag, an dem der Sturm aufzieht, wird er uns von Neuem seine Aufwartung machen. Deshalb müssen wir ihn mit der ganzen Präzision unserer Wettersatelliten, Bodenstationen und Wetterballons im

Auge behalten – diesen grauen, über die Radarschirme wandernden Fleck. Und vor der Küste liegen wie Opfergaben die Deiche aus Klei und Sand. Vorufer mit ausgestreckten Armen und Beinen. In der Hoffnung, dass sich der Wolf die Zähne daran ausbeißen wird, genau wie vom Computer berechnet.

Der Fliegende Holländer

»Fertig«, sagt mein Mann, »alles gesichert. Oder hab ich noch was vergessen?«

Er zieht die Brauen hoch. Mit vorausschauendem Blick und im Gedanken an materiellen Besitz eilt er hin und her. Er kontrolliert das ganze Grundstück, nichts scheint sicher vor der drohenden Wetterveränderung, den dunklen Wolken, die vom Meer heranziehen. In seinen Holzschuhen, den Kopf gesenkt, die dunklen Locken windzerzaust, geht er den Schotterweg entlang, angetrieben von einem heillosen Strom selbst auferlegter Pflichten. Er stellt die Blumentöpfe unter das Vordach, zurrt die Plastikplane fest. Legt einen schweren Holzbalken quer über einen Stapel Dachplatten. Genauso standhaft und unerschütterlich ist mein Mann auch selbst; er steht mit beiden Beinen fest auf der Erde.

Von seinem Vater hat er gelernt, dass man, wenn man ums Haus herum etwas ablegt, immer mit einem

Sturm rechnen muss. Lässt man sich von ihm überraschen, ist es bereits zu spät. Das Schicksal kann jeden Moment zuschlagen. Deshalb sollte man gut vorbereitet sein.

»Hab ich noch was vergessen?«

Pflichtbewusst, wie er ist, wird er weiterarbeiten, bis es dunkel ist und er die Hand nicht mehr vor Augen sehen kann.

Mein Mann, auf dem flachen Land Nordhollands geboren und von klein auf an einen kilometerweiten Blick gewöhnt, ist ein Mensch, der alles schon von Weitem kommen sieht. Er entstammt einer Familie von Milchviehhaltern und ist auf einem Bauernhof an einer abgelegenen Polderstraße aufgewachsen, wo sich die Tage ums Melken und eine möglichst genaue Wettervorhersage drehten. Vor allem Letztere war wichtig. Seine Familie hatte auf der Ostseite des Anwesens sogar einige Bäume gefällt, um eine bessere Sicht auf die Wolken, die weiter entfernten Felder und die Polderstraße zu haben. So sah mein Mann seine Oma schon von fern, wenn sie sonntagmorgens angeradelt kam. In klaren Nächten waren auch die Lichter des Leuchtturms am Hafen von Den Helder zu erkennen.

Als Kind half er nicht nur beim Melken und beim Ausmisten der Ställe, er spielte mit seinen Brüdern auch Krieg zwischen den Futterrübenbergen, er bastelte aus alten PVC-Rohren Gewehre und pflückte als Munition weiße Beeren von den Sträuchern. An Regentagen saß er oft neben seinem Vater auf dem Traktor, vor sich die langen Furchen der gepflügten Äcker und die Möwen, die in Schwärmen aufflogen oder niederstrichen.

Von seinem Vater hat er gelernt, nach oben zu schauen, wie in dem Song von Ramses Shaffy: »Hoog, Sammy, kijk omhoog, Sammy, want daar is de blauwe lucht.« (»Hoch, Sammy, schau hoch, Sammy, denn da ist der blaue Himmel.«) Noch heute sieht er als Erstes nach oben, wenn er ins Freie tritt oder draußen unterwegs ist; es scheint, als würde er aus einer natürlichen Gewohnheit heraus alles fokussieren, was sich über ihm bewegt. Er richtet den Blick auf die Kumuluswolken oder auf den rot glühenden Abendhimmel, wie ein Cowboy, der über die Prärie hinweg nach Feinden Ausschau hält. Wie oft habe ich ihn schon in die Luft spähen sehen, nach einem über den Feldern kreisenden Bussard oder einem Turmfalken im Sturzflug. Es ist, als würde ihm alles, was sich in der Luft abspielt, einen Energieschub versetzen.

Seine beiden jüngeren Brüder, meine Schwäger, sind vor zwei Jahren nach Kanada ausgewandert, um dort einen neuen landwirtschaftlichen Betrieb aufzubauen. Ich erinnere mich, dass die beiden ständig nach unten schauten, auf ihre Handys. Auf die Radarbilder mit den roten und dunkelblauen Sprenkeln, die sich übers Display bewegten. »Heute regnet es nicht ... Wir könnten mähen ... Es bleibt noch mindestens eine Woche trocken, da könnten wir doch Heu machen.« Die Radarbilder gaben den Ausschlag. Die Technik macht das Glauben leichter, Bequemlichkeit ist die Mutter der Innovation.

Eine Laufbahn als Bauer sah mein Mann, glaube ich, für sich selbst nicht ... Den Hof übernahmen am Ende seine Brüder. Seine Eltern haben ihn wohl ein paarmal gefragt, ob er nicht Pfarrer werden wolle. Er selbst träumte als Kind davon, Pilot zu werden, und es würde mich nicht wundern, wenn das etwas mit dem Blick zu tun gehabt hätte, mit dem er aufgewachsen ist, dem Blick auf das weite Land und vor allem auf Himmel und Wolken. Warum nicht hinauf in den größeren Luftraum?

Am Ende ist er Landschaftsfotograf geworden. Bepackt mit Stativ, Kamera und Objektiven aller Größen und Formen, verschwindet er morgens nach draußen. In seinen Aufnahmen findet sich etwas von der Technik der alten holländischen Meister Rembrandt, Breitner und Israëls wieder – weite Panoramen, bei denen die ständige Wechselwirkung zwischen Licht und Wolken im Mittelpunkt steht; die bannt er auf Film. Schauen, vor allem schauen. Endlos warten auf das richtige Licht.

Nur einmal habe ich erlebt, dass mein Mann das Wetter falsch einschätzte. Wir hatten einige Tage zuvor geheiratet, und das Hochzeitsessen fand unter Partyzelten in unserem Garten statt, an einer langen, weiß gedeckten Tafel, die Servietten mit Lavendelzweigen gebunden. Die Sonnenblumen an der Scheunenwand waren fast drei Meter hoch. Es war ein vollkommen windstiller, wolkenloser Tag.

Zwei Tage später schlug das Wetter von einem Moment auf den anderen um. Ein lang gestreckter Schatten schob sich über das Land und kündigte den Regen an, mit einer Vorhut aus dicht gedrängten, vorn ausgefransten Walzenwolken, vom anschwellenden Wind aus Südwesten herangeführt, der auf der freien Fläche erst richtig Fahrt aufnahm. Nicht einmal der Windschutz aus Buchen, Eschen und Eichen konnte ihn abbremsen.

Während die Tiere sich mit dem Hinterteil gegen den Wind drehten und die Vögel in den Bäumen Schutz suchten, ging mein Mann nach draußen. Die Partyzelte standen noch hinter der Scheune; wir hatten sie einfach dort gelassen. Nun mussten wir versuchen, sie zu retten. Sie waren dem Wind voll ausgesetzt und auch nicht gut gesichert, zumindest nicht gut genug für Windstärke fünf. Die Dachplatten der alten Kapscheune klapperten wie wild, und von den Kunststoffrahmen der Dachfenster fielen Stücke herunter.

Ich brachte meine zweijährige Tochter ins Haus, setzte sie im Flur auf ein Bänkchen und rannte wieder hinaus, um meinem Mann zu helfen.

Ich erinnere mich noch genau, wie er in der Stalltür stand und eines der weißen Zelte mit beiden Händen festhielt. Ich packte es an der anderen Seite und spürte das kalte Metall an den Händen. »Nicht loslassen!«, rief er, und ich sehe noch vor mir, wie sich die Angst in seinen Augen mit einer Art Begeisterung mischte und seine Jacke sich blähte, als wollte er gleich abheben. Ich fühlte die Wucht des Windes unter der Zeltbahn, und ich wusste, es war zu spät. Dieses Zelt mussten wir verloren geben, es war nicht mehr zu retten! Ich ließ es los, mein Mann aber hielt es einfach weiter fest, hartnäckig, nicht willens, es loszulassen. Bis seine Füße vom Boden abhoben. Er flog mehrere Meter in die Luft, dann landete mein frischgebackener Ehemann mitsamt dem Zelt auf dem Scheunendach.

Wenn ich daran zurückdenke, erstaunt es mich noch heute, dass er nicht loslassen wollte. Ein gewisser Stolz erfüllte ihn während seines unverhofften Flugs, und am Ende kam er mit heiler Haut davon. In den folgenden Wochen nannten wir ihn den Fliegenden Holländer, nach der berühmten Sage von dem holländischen Geisterschiff, über das der Teufel Macht gewann, sodass es in alle Ewigkeit über die Meere segeln musste. Überlieferten Berichten von Menschen zufolge, die den Fliegenden Holländer gesehen hatten, »fährt das Schiff mit blutroten Segeln über dem Wasser gegen den Wind«.

Warum ließ er nicht los? Weil Männer eher dazu neigen, sich auf Wettkämpfe einzulassen, auch wenn der Gegner hier »nur« ein Sturm war? Doch das scheint nicht der Punkt zu sein. Es geht vielmehr um Durchhaltevermögen, um das Recht des Stärkeren: Wer als Erster loslässt, hat verloren. So wie auch hier im Polder in gewisser Weise alles auf einer Art Beharrungsvermögen beruht, bei der das Recht des Stärkeren gilt (und auch eine Portion Cleverness): Das Erhöhen der Deiche, der Bau von Hochwasserschutzanlagen, das Trockenlegen der Polder, das Auftakeln der Mühlen – all das geschah in der Überzeugung, dass wir stärker sind als Wasser und Wind...

Manchmal – und gewiss nicht mit Stolz – denke ich, dass es die Niederlande, wären sie von Frauen regiert worden, von einem Matriarchat also, heute gar nicht mehr gäbe: Frauen wären höchstwahrscheinlich auf Nummer sicher gegangen, sie hätten sich ihre Kinder und ihre Siebensachen geschnappt und wären weiter fort gezogen, in höher gelegene, trockenere, hügelige Gegenden. Und wer hätte es ihnen verdenken können? Es wäre in gewisser Hinsicht sogar klüger gewesen, zumindest hätte es uns den Verlust einer Menge Energie, Geld und auch Menschenleben erspart. Doch bei allem Feminismus – die Landschaft Hollands wurde im Wesentlichen von Männerhänden geformt, die nicht loslassen wollten, von Männern wie David, der Goliath besiegte. Und so bauen wir bis heute Hochwasserschutzanlagen, wir verstärken die Deiche und erheben uns mit großer Selbstverständlichkeit über die Naturgewalten. Aber der Tag wird kommen, an dem wir werden erkennen müssen, dass es größere Götter gibt.

Dreifachsturm

Februar. Ein Jahr lang wohnte ich mit meiner Familie in der Scheune. Wir hatten unseren gesamten Hausrat hierherverfrachtet und bauten den alten Bauernhof um. Die »Wände« der Scheune bestanden aus Kunststoff-Dämmplatten, die ungefähr so schalldicht waren wie eine dünne Zeltbahn, sodass ich nachts, wenn der Regen aufs Dach prasselte, oft senkrecht im Bett saß. Tauben und Austernfischer kratzten mit ihren Krallen über die Dachrinne, man hörte sie deutlich hin und her trippeln, und selbst das Schnattern vorüberfliegender Gänse drang zu uns herein. Wie oft kam ein Spatz durch die offene Stalltür geflogen, flatterte panisch zwischen den Holzwänden hin und her und stieß mit dem Schnabel gegen die Fensterscheiben, bis er endlich wieder ins helle Licht hinausfand!

Es gab kein voneinander getrenntes Drinnen und Draußen.

In jenem Jahr lebten wir eingepfercht wie die Hühner im Stall. An Regentagen saßen wir in dem kleinen Wohnzimmer stundenlang aufeinander, mein Mann und ich tranken Kaffee, die Kinder spielten auf dem Boden mit Playmobil. Doch oft schon nach einer halben Stunde war es damit vorbei. Die Kinder stritten darum, wer was bauen durfte, oder stolperten über die Spielsachen der anderen. Wollte man in Ruhe lesen, fing jemand laut an zu reden. Wir konnten uns in dem kleinen Raum nicht aus dem Weg gehen, und mehr als einmal hatten wir einander gründlich satt. Sollten diese Kinder nicht draußen spielen? Immer wieder schickte ich sie mit kleinen Aufträgen hinaus: Eier einsammeln, Fahrräder putzen, Herbstlaub harken – Hauptsache, sie saßen nicht ständig im Zimmer.

Im Herbst und Winter aber verbrachten wir den größten Teil des Tages am Holzofen, einem altertümlichen Teil, das den ganzen Wohnbereich heizen sollte. Es kam mir dann vor, als wären wir um hundert Jahre zurückkatapultiert worden, in eine Zeit, als es so etwas wie eine Zentralheizung noch nicht gab. Morgens nach dem Aufstehen sammelte ich als Erstes Anmachholz, baute aus den kleinen dürren Zweigen eine Art Pyramide über zusammengeknülltem Zeitungspapier und legte ringsum Holzscheite darauf, dann zündete ich das Papier an. Brannte das Feuer erst einmal, kamen meine Töchter schlaftrunken und zerzaust aus ihren Betten gekrochen und setzten sich schweigend um den Ofen. Aus kleinen Äuglein starrten sie in die Flammen, noch dösend, als durchlebten sie ihre Träume von Neuem.

Unser Schlafbereich lag direkt über den Ställen. Wir hatten hinten in der Scheune mit Brettern ein Schlaf- und Arbeitszimmer abgeteilt, in dem ich tagsüber schrieb. Neben dem Schreibtisch standen ein Doppelbett und ein Kinderbettchen für die Dreijährige. Die beiden Älteren schliefen in einem rostigen alten Wohnwagen, der ebenfalls in der Scheune stand.

Bei sehr schlechtem Wetter blieben auch die Ponys im Stall. Manchmal, wenn ich mitten in der Nacht zur Toilette musste, standen sie still und in sich gekehrt da. Wenn ich vorbeiging, schnaubten sie leise. Als wüssten sie, dass die Menschen schliefen und sie sich unserem Rhythmus anpassen mussten.

Das Wohnen im Stall, könnte man sagen, führte uns zu den Ursprüngen zurück, als Mensch und Tier noch eng zusammenlebten und ganze Familien zwischen Ziegen und Kühen auf Strohsäcken schliefen.

Vom Arbeits-/Schlafzimmer blickte ich auf die Felder hinaus. Im Herbst waren dort Rote Bete geerntet, der Kleiboden anschließend mit großen Traktoren umgepflügt worden, und den ganzen Winter über stand das Regenwasser kniehoch in den Mulden. Auch unser Grundstück hatte sich – von einem schmalen Schotterweg abgesehen – in einen großen, von Pfützen durchsetzten Sumpf verwandelt. Ich schickte einem Bekannten in Amsterdam ein Foto davon und auch von den durchweichten Äckern hinter unserem Haus, und er schrieb zurück: »Bist du wahnsinnig? Get the hell out of there!«

Man muss abgehärtet sein, um sich in diesem kahlen Sumpfdelta zu behaupten.

Die eigentliche Feuertaufe aber kam mit dem Dreifachsturm. Der Erste war »Ylenia«. Als ich an jenem Mittwoch im Februar mit dem Zug von einer Buchpremiere in Amsterdam zurückfuhr, war an meinem Wohnort Endstation; die Weiterfahrt Richtung Den Helder wäre schlicht zu gefährlich gewesen. Ich radelte in den Polder, doch das erwies sich als ebenso gefährlich, und so schloss ich das Rad am Zaun eines Bauernhofs an, und mein Mann holte mich für die letzten Kilometer mit dem Auto ab. Die Bäume neigten sich bedrohlich über die Straße, das Wasser in den Gräben sprudelte über, und im Radio hörte ich, dass der Deichwachdienst verstärkt worden war.

In dieser Nacht war die Scheune wie ein Schiff auf hoher See: Am »Bug« auf der Westseite schlug etwas immer wieder gegen die Wand, und alles knarrte, quietschte und scheuerte, ich spürte ein anhaltendes Schaukeln und fürchtete, die alten Dachbalken würden dieser Wucht nicht standhalten und die Scheune könnte jeden Moment einstürzen.

Auf »Zeynep« war ich besser vorbereitet. Am Morgen flocht ich meinen Töchtern Sturmzöpfe, bevor sie zur Schule fuhren: feste Flechten mit doppelten Gummis. Alles, was rund ums Haus lose war, wurde gesichert. Die Tiere brachte ich in den Stall, das Auto parkte ich mit der Nase nach Südwesten, denn von dort sollte »Zeynep« kommen. Kurz bevor der Sturm losbrach, drehte ich noch einmal ein Runde ums Haus, und plötzlich klarte es auf, die Sonne brach durch, und der Himmel wurde blau. Kein Wölkchen war mehr zu sehen. Wie war das möglich? Woher auf einmal dieser ruhige, helle Himmel? Es währte etwa zehn Minuten, dann trieben wieder Wolken heran, und alles wurde grau. Und es begann, fürchterlich zu stürmen.

Mir kam der Gedanke, dass die Natur sich erst in Schweigen hüllen muss, bevor sie den entscheidenden Schlag führen kann. Als würde die Katastrophe genau dann eintreten, wenn die Aussichten am günstigsten scheinen. »All das wirkte auf die Ängste der Holländer vor unvorhersehbarem Unheil – Ängste, die ohne Unterlass auch von den Predigern geschürt wurden, deren Botschaft lautete: Je verschwenderischer der Genuss, desto drohender das Menetekel«, schreibt Simon Schama in seinem Buch *Überfluss und schöner Schein*.

Dann sollte noch »Antonia« kommen.

Der Dreifachsturm hinterließ eine Spur der Verwüstung – umgestürzte Bäume, zerstörte Häuser und Scheunen –, und ich denke an ihn zurück wie ein Teenager an eine stürmische Verliebtheit. Eine, die in ihrem Rausch alles mitreißt, eine rohe Gewalt, der man hilflos ausgeliefert ist, eine Flutwelle, die einen ans andere Ende des Strandes wirft, sodass man hinterher nur noch stumm und entgeistert um sich blicken und sich fragen kann: Was ist da passiert?

Meine Verliebtheiten kann ich an einer Hand abzählen, aber jedes Mal war es wie ein Überfall. Der Mensch hat zweifellos ein Bedürfnis, von Naturkräften durchgeschüttelt zu werden, die stärker sind als er, sich im Kampf zu behaupten. Keine emotionalen Risiken einzugehen ist wie der Tod. Ein altfranzösisches Sprichwort sagt: »Der Ängstliche leidet unter der Angst vor der Angst.«

Aber im Gegensatz etwa zu den Südeuropäern erleben die Niederländer die Liebe auf recht calvinistische Weise: Von einem Holländer (oder einer Holländerin, muss ich dazusagen) darf man kein endloses Geflirte auf der Straße erwarten. Kein Ständchen, keine Avancen. Kaum einmal ein Nachpfeifen oder Zuzwinkern. Die Niederländer, das kann ich mit einiger Bestimmtheit sagen, sind wenig romantisch oder leidenschaftlich, sie halten gewissermaßen mit ihren Gefühlen so lange hinterm Berg, bis sich die Verliebtheit entweder in Luft auflöst oder aber, hierin vergleichbar mit »Zeynep«, in einer Art Überdosis explodiert.

Flirten im Polder ist kein Spiel, um das Leben ein wenig bunter zu machen – wie es beispielsweise den Italienern zur zweiten Natur geworden ist –, es ist vielmehr ganz und gar zweckorientiert, verankert in einer Landschaft, die ebenso wenig der Ausschmückung bedarf. Klare Linien, Leere. Das »Balzverhalten« der Nordländer zielt darauf ab, möglichst direkt zur Sache zu kommen. Dabei sind gerade Anziehung und Zurückweisung, das Vortasten vom Nein zum Vielleicht und schließlich zum Ja von mindestens ebenso großem Reiz wie das Endziel der Eroberung des geliebten Menschen. Doch der Geist des Calvinismus lastet schwer auf uns: Der Verzicht auf weltliche Genüsse wird belohnt, Versuchung führt zur Sünde.

In einer niederländischen Diskothek ist es mehr oder weniger üblich, dass die Männer den ganzen Abend mit verschränkten Armen in einer Ecke stehen und erst nach zehn Bier vorsichtig und mit eckigen Bewegungen zu tanzen beginnen, ehe sie endlich den Mut aufbringen, eine Frau anzusprechen. Unsere Art des Anbaggerns entspringt einer Nüchternheit, die mit großen Mengen Alkohol fortgespült werden muss, und sie bevorzugt alles, was effizient und praktisch ist. Keine Rituale, ohne Umwege zum Ziel. Keine Verführung, nur Sex.

Was aber nicht heißt, dass sich der holländische Mann innerhalb dieser moralischen Geografie, in dieser abgezirkelten Landschaft nicht bis über beide Ohren verlieben könnte und ich nicht genauso oft mein Herz an ihn verloren hätte.

Tessel

Unsere älteste Tochter Tessel ist nach der Insel Texel benannt. Die erste Trägerin dieses Namens war Maria Tesselschade Roemers Visscher. Ihr Vater, ein Amsterdamer Dichter und Reeder, wählte den Namen in Erinnerung an eine Schiffskatastrophe vor der Insel Texel (1593), bei der er wenige Monate vor ihrer Geburt mehrere Handelsschiffe verloren hatte. Mit dieser Namenswahl wollte er sagen: Bedenkt, dass aller irdische Besitz vergänglich ist.

An jenem Weihnachtsabend lagen die Schiffe vor Texel auf Reede, bereit zum Auslaufen nach Italien, als ein schwerer Sturm losbrach und sie von ihren Ankern riss. Vierundvierzig Schiffe sanken, und am nächsten Tag war die Ostküste der Insel mit Wrackteilen und den Leichen ertrunkener Seeleute übersät. Texel war damals ein bedeutender Hafen, in dem die Schiffsführer auf günstigen Wind warteten, um in See stechen zu können. Die großen Handelsschiffe und Botter benötigten Ost- oder Nordwind für die Fahrt gen Westen oder Süden. Das Problem war jedoch, dass es vor der Insel etliche Sandbänke gab und zudem oft schlechtes Wetter herrschte. Die See konnte hier mächtig toben. Noch heute liegen Wrackteile vor Texel auf dem Grund. An die tausend Schiffe dürften dort gesunken sein.

Auch Maria Tesselschade selbst blieb vom Unglück nicht verschont. Ihre Tochter Teetgen und ihr Ehemann, ein Marineoffizier, starben völlig überraschend an ein und demselben Tag. Vielleicht hatte ihr Vater sie früh mit dem Gedanken an die Unberechenbarkeit der Natur vertraut gemacht, oder er hatte am Kaminfeuer von Sturmfluten und Schiffbrüchen erzählt, denn selbst der Tod von Mann und Kind warf sie nicht aus der Bahn – so ist es zumindest überliefert –, ihr Glaube an die Unentrinnbarkeit des Schicksals gab ihr Kraft. »Dies ist der Wille Gottes, ich muss mich darein schicken; ich weine im Innern, nicht nach außen«, schrieb sie. Ihr guter Freund Constantijn Huygens schickte ihr daraufhin ein Gedicht, in dem er ihr seine Bewunderung für ihre »ruhige Standhaftigkeit« aussprach.

Maria Tesselschade war als eine talentierte Dichterin bekannt. Wie ihr Vater hatte sie begonnen, Gedichte zu schreiben, und ihre Familie führte in Amsterdam einen wöchentlichen Salon. Ein kleiner Kreis von Künstlern und Dichtern scharte sich um sie, und ihre Freunde priesen ihren Charme und ihre literarische Begabung. Doch trotz ihres Künstlertums – sie malte auch, sie gravierte Glas und musizierte – blieb sie bescheiden. Ihr Werk wurde nicht gedruckt, und nie wurde ein Porträt von ihr gemalt (zum Glück sind Dutzende ihrer handschriftlichen Gedichte erhalten geblieben). Solche Bescheidenheit war den schreibenden Männern in ihrem Umkreis übrigens fremd: Sie sorgten dafür, dass ihr Werk gut dokumentiert wurde und damit erhalten blieb.

Maria Tesselschade freundete sich nicht nur mit Constantijn Huygens an, sondern auch mit Gerbrand Bredero (der ihr Liebesgedichte schrieb), mit P. C. Hooft und Barlaeus. Zudem gehörte sie dem Freundeskreis um Hooft im Muiderschloss an, dem berühmt gewordenen Muiderkring (in dem Huygens und Barlaeus noch ganz altmodisch um ihre Liebe rivalisierten). Ich stelle mir gern vor, wie Maria Tesselschade mit »ruhiger Standhaftigkeit« im Kreis dieser eitlen, feinsinnigen Männer saß, die in getragenem Ton ihre Gedichte vorlasen – eine Art literarisches Minnespiel.

Den ersten Geburtstag unserer Tochter Tessel feierten wir auf Texel. Wir wohnten in einem kleinen roten Holzhaus ganz im Norden der Insel, von dem man bequem zu Fuß ans Meer gelangte. Ich erinnere mich an die breiten Strände und die hohen Dünenketten, die mit tiefer gelegenen Sandböden und Tulpenfeldern, langen Streifen Weiß, Rot, Violett und Gelb, wechselten. Ich hatte Tessel in der Babytrage auf dem Rücken. Die rhythmische Bewegung des Gehens machte sie ganz still, und ich spürte ihren warmen Atem im Nacken. Ihre Füßchen baumelten gegen meinen Körper. Wir gingen quer durch die Dünen, bis wir an eine offene, von kleinen Prielen und Wasserläufen durchzogene Sandfläche kamen, den Slufter, ein Naturschutzgebiet, das in offener Verbindung mit dem Meer steht. Hier hatte man in der Vergangenheit mehrfach versucht, den Deich zu erhöhen, was aber immer wieder scheiterte, sodass schließlich eine dauerhafte Öffnung zum Meer entstand, durch die das Wasser ein- und ausströmt. Bei Nordweststurm kann das ganze Gebiet überflutet werden. Dann sieht man nur noch die Dünenkämme.

Am Fuß der Dünen nahm ich Tessel, ein zartes Kind mit feinen blonden Haaren, aus der Trage.

Ich setzte sie in den Sand, und sie krabbelte sofort los, ein bisschen wie ein Tier, das unbekanntes Terrain erkundet. Auf Händen und Knien kroch sie die Priele und Grasstreifen entlang. Sie steckte eine Handvoll Sand in den Mund, verzog das Gesicht und spuckte ihn wieder aus.

Einige Wochen später sollte sie ihre ersten Schritte tun, im Amsterdamer Zoo, aber das wussten wir da noch nicht. Vorerst krabbelte sie vor dem fernen Horizont des Meeres im kühlen Märzlicht neugierig über die weite Fläche, und ich musste daran denken, wie sie vor einem Jahr noch in meinem Bauch gewesen war und ihr Blut sich mit meinem vermischt hatte. Wie ihre Füßchen abends in meinem Bauch strampelten. Wie es in meinem Bauch kitzelte, wenn sie einen Schluckauf hatte. Und nun suchte sie sich ihren Weg in einer offenen Landschaft. Das hat etwas Beängstigendes und zugleich Magisches, ähnlich dem ein- und ausströmenden Meerwasser; wer der Natur einmal Raum gibt, muss mit gefährlichen Unterströmungen rechnen.

Eines Tages wird sie größer sein als ich.

An diesem Vorfrühlingstag auf der Insel aber waren wir noch eine junge Familie. Wir wussten nicht, dass wenige Jahre später zwei weitere Töchter zur Welt kommen, dass wir einmal zu fünft sein würden. Wir wussten noch nicht, dass bei jedem Kind der Lauf der Dinge weitgehend festgelegt ist, dass wir als Eltern weit weniger Einfluss haben, als wir zunächst glauben, dass wir nur Zuschauer eines Lebenslaufs sind, der seine feste Form im Wesentlichen schon gefunden hat.

Jetzt, da ich dies schreibe, ist Tessel neun Jahre alt, und ihr blondes Haar reicht ihr bis zur Taille. Sie ist fleißig und sensibel, und sie denkt schneller, als sie redet, aber wenn sie hinausgeschickt wird, um die Hühner zu füttern, fängt sie an zu trödeln. Sie hat die langen

Beine ihres Vaters, und ihr linkes Ohr steht ein klein wenig höher als das rechte. Sie ist eine Sammlerin und bewahrt Steine und einflügelige Schmetterlinge in blättergefüllten Gläsern auf. Fast immer summt sie vor sich hin. Anders als ihre Namensvetterin ist sie mit Schiffbrüchen wenig vertraut.

An dem Tag damals besuchten wir später noch den Leuchtturm von Texel. Der fast fünfzig Meter hohe, rot gestrichene Bau sah aus wie neu, steht dort aber schon seit mehr als anderthalb Jahrhunderten. Wir gingen einmal um ihn herum, das Hinaufsteigen sparten wir uns. Früher stand der Turm drei Kilometer vom Meer entfernt, doch nun kommt das Wasser wieder näher, und er muss durch Seedeiche geschützt werden.

Manchmal scheint es, als müsste alles, was eine gewisse Schönheit besitzt, erst einmal völlig auf den Kopf gestellt werden, um zu seiner endgültigen Form zu gelangen. Auch Texel entstand nach einer Katastrophe. An Allerheiligen brachen die Deiche, und das halbe Land wurde überschwemmt; bis in die Straßen Utrechts waren die Gezeiten spürbar.

Mindestens fünf Mal kam die »Allerheiligenflut«. Offenbar stürmte es um Allerheiligen, zu Beginn des Herbstes, häufiger als sonst. Die Flut schlug alles kurz und klein, und für die Menschen gab es kein Entrinnen vor der Gewalt des Wasserwolfs. Das Wasser strömte ohne Vorwarnung in das abgesunkene Moorgebiet, dessen tiefe Lage es zur leichten Beute machte. Die verheerendste »Allerheiligenflut« war die des Jahres 1570: Nach wochenlangen Stürmen stieg das Wasser so hoch, dass das Land von Flandern bis nach Groningen und dem Westen Deutschlands überschwemmt wurde. Mehr als zwanzigtausend Menschen ertranken, Tausende wurden obdachlos, Vieh verschwand in den Fluten. Auch der Polder, in dem ich lebe, nicht weit von Alkmaar, wurde überflutet, und es entstand ein größerer See.

Wenn ich die alten Landkarten betrachte, sehe ich ein anderes Westfriesland als das mir bekannte. Die Küstenlinie verlief fünf Kilometer weiter westlich, und das Gebiet dahinter war mit einer mächtigen, von kleinen Wasserläufen durchzogenen Moorschicht bedeckt. Die Landschaft veränderte sich ständig, das Wasser fraß sich in sie hinein und schlug Breschen in die Dünen, bis schließlich weite Teile des Moor- und Sumpflandes unter Wasser standen.

Eines der bekanntesten Gebiete, die der »Allerheiligenflut« zum Opfer fielen, ist das sogenannte Verdronken Land van Saeftinghe, ein ehemaliger Polder an der Grenze der Niederlande zu Belgien. Es scheint die größte Salzwiesenlandschaft Europas zu sein. Eine Art Urland. Bis heute gibt es dort Ebbe und Flut. Erstaunlicherweise bringt das erodierende Wasser der Westerschelde noch immer Reste des versunkenen Dorfes zum

Vorschein; es ist, als erhasche man plötzlich einen Blick auf längst vergangene Menschenleben.

Allein in Zeeland sollen über zweihundert Dörfer untergegangen sein, wahrscheinlich noch mehr. Zweihundert! Man stelle sich vor: All die Dörfer, in denen wir wohnen und leben, in denen Kinder auf der Straße spielen und Musik aus den Wohnzimmern tönt, würden von einem Tag auf den anderen nicht mehr existieren. Vom Wasser verschluckt. Wie verzweifelt müssen die Menschen damals gewesen sein! Und wohin wandten sie sich, wenn sie die Katastrophe überlebten? Konnten sie noch irgendetwas an sich raffen, oder mussten sie alles zurücklassen? Die Holländer haben über die Jahrhunderte immer an weiten Flussmündungen mit starker Gezeitenwirkung gelebt. Ihre Handelsplätze waren vom Seeverkehr abhängig. Das gab offenbar den Ausschlag, denn die Holländer sind nun einmal Unternehmer, auch wenn sie das mit nassen Füßen bezahlen müssen.

Zeeland wurde zuletzt vor etwa siebzig Jahren überflutet, am 1. Februar 1953. Schwarz-Weiß-Fotos der Flutkatastrophe zeigen ganze Familien, die auf den Dächern ihrer Häuser sitzen und auf Hilfe warten. Wasser bis an die Dachrinnen, ein Mann auf einem Baum, der darauf hofft, dass jemand kommt und ihn rettet, Boote voller Menschen und Vieh. Hunderte von Leichen wurden in Säcken abtransportiert. Andere Säcke wurden mit Sand gefüllt, um damit die durchgebrochenen Deiche abzudichten. Doch immer weiter strömte das Wasser ins Land. Über achtzehntausend Menschen ertranken, und das Wasser stand fast fünf Meter über dem Amsterdamer Normalpegel.

Hasen, die aus den nahe gelegenen Poldern flüchteten, sollen damals die ersten Vorboten der Flut gewesen sein.

In einem Radiointerview erzählte die Wettermoderatorin Willemijn Hoebert sehr eindrucksvoll, wie in der Nacht des 1. Februar Stürme in Orkanstärke über die Orkneyinseln im Norden Schottlands hinwegfegten. Sie sprach vom »perfekten Sturm«, weil alles zusammenkam: Springtide, Flut, ungewöhnlich hohe Wasserstände. Windstärke elf mit Ausreißern nach zwölf. Über sechzig Knoten. Der Sturm raste über England hinweg, und dort brachen die Deiche zuerst, so berichtete sie. Über dreihundert Menschen ertranken, und weite Teile Londons standen unter Wasser. Der Nordweststurm zog langsam nach Dänemark weiter, und dahinter entstand ein »riesiges Windfeld«, sodass der Wind von Norden her in Richtung Zeeland wehen und dabei das Wasser aufstauen konnte. Auf diesem tausend Kilometer langen Feld hatte der Wind freies Spiel. »Über Land bremsen Bäume und Gebäude den Wind ab«, so Hoebert, »aber über See gibt es so etwas nicht, es konnte endlos so weitergehen, die ganzen Wassermassen wurden durch den Ärmelkanal gedrückt und strömten Richtung Zeeland, obwohl das eigentlich gar nicht möglich war.« Die Nordsee sei eine Art Wasserbecken, erklärte sie, und bei Nordweststurm sei das Wasser in unserer Gegend eingeschlossen und könne nirgendwo hin. Für die Niederlande ist der Nordweststurm der gefährlichste. Auf dem offenen Meer werden die Wellen acht, manchmal auch zwölf Meter hoch, und alles Wasser wird in unsere Richtung gedrückt.

Der Sturm dauerte über dreißig Stunden.

In dieser Nacht waren die Radiosender, wie damals üblich, abgeschaltet. Die Meteorologen aber wurden als Erste nervös, weil sie wussten, was für ein Sturm sich unserem Land da näherte. Heute haben wir Satelliten, und auf unseren Handys, auf die wir den ganzen Tag starren, sehen wir uns das Regenradar an. Damals aber konnte man nur das Telegramm des KNMI-Sturmflutwarndienstes abonnieren, und auch diese Möglichkeit hatte nicht jeder. Anfang der 1950er-Jahre gab es noch sogenannte Wetterschiffe, die von festen Positionen auf dem Meer aus alle sechs Stunden ihre Beobachtungen an die Wetterstation des KNMI, des Koninklijk Nederlands Meteorologisch Instituut, durchgaben. Die dortigen Meteorologen brachten überall auf einer großen Karte Nordwesteuropas »Pins« an, wie sie das nennen, und jeder dieser Pins stand für einen Messpunkt: Bewölkung, Regen, Windrichtung. Auf dieser Grundlage konnten sie dann die Fronten einzeichnen, also die Grenzen zwischen kalter Luft auf der einen und warmer Luft auf der anderen Seite. Sie konnten sehen, dass der Wind hinter einer solchen Front drehen würde, und dementsprechend ihre Vorhersagen erstellen.

Es gibt heute zwar allerlei Computermodelle, mit deren Hilfe wir berechnen können, wie sich das Wetter entwickeln wird, aber bei solchen Stürmen ist das Hoebert zufolge noch immer sehr schwierig. »Da tun sich die Wettermodelle wirklich schwer.«

Der Philosoph Massimo Pigliucci traf den Nagel auf den Kopf, als er sagte: »Einige Faktoren stehen gänzlich außerhalb unserer Macht, wir können sie in keiner Weise beeinflussen, Richtung und Stärke des Windes zum Beispiel.« Um diese Unberechenbarkeit zu überlisten, hat man nach der Flutkatastrophe die gigantischen Deltawerke errichtet, ein Schutzsystem gegen Hochwasser und Sturmfluten mit Schwerpunkt in der Provinz Zeeland. Die Meeresarme wurden mit Schleusen, Sturmflutwehren und Dämmen abgeriegelt, ein Projekt, dessen Realisierung sich über Jahrzehnte hinzog. Die Deltawerke in Zeeland wurden von der American Society of Civil Engineers zu einem der sieben modernen Weltwunder erklärt.

Sieht man sich die lange Liste der Flutkatastrophen an, von denen die Niederlande heimgesucht wurden, so erscheint es wie ein Wunder, dass es das Land überhaupt noch gibt. Ein Sturm war furchtbarer als der andere, eine Flut vernichtete mehr Felder, Dörfer und Menschenleben als die andere. Die Liste ist endlos. Wenn ich die Jahreszahlen all der Sturmfluten sehe, frage ich mich, was die Menschen bewogen hat hierzubleiben. Was wollten sie in diesen tief gelegenen Poldern, in dieser absinkenden Moorlandschaft? In den Küstenregionen, in denen die Wahrscheinlichkeit, dass ihnen das Wasser irgendwann all ihren Besitz nehmen würde, größer war als die, dass es sie in Ruhe ließ? Warum haben sie nach jeder Katastrophe die Deiche mit Schubkarren voll Sand erhöht?

Warum lebe ich hier?

Fakt ist: Die Familien wanderten nicht in die höher gelegenen östlichen Landesteile mit ihren grünen Wäldern und Hügeln ab, sie blieben, wo sie waren. In den Holländern lebte ein unbewusstes Wissen darum, dass dies fruchtbares Land war, dass es sich gut bearbeiten ließ und beste Ernten lieferte, dass es nur durch entschlossene Beharrlichkeit zu halten war und sie eines Tages reich machen würde.

Vermutlich fordert uns jeder Rückschlag dazu heraus, unsere Lehren daraus zu ziehen und uns für den nächsten zu wappnen, indem wir Dämme, Deiche und Wellenbrecher bauen, die uns wehrhaft machen. Die früheren Polderbewohner hatten das sehr gut begriffen. Sie wären beinahe mit dem Land untergegangen, sie verloren ihre Häuser, ihre Pferde und Kühe, sie waren ständiger Spielball der Sturmfluten und Regengüsse, und dennoch kamen sie zu dem Schluss, dass es besser sei, nicht zu flüchten, sondern zu bleiben. Die Menschen finden über die Jahrhunderte immer wieder Mittel und Wege, um sich im steten Strom der Veränderungen sicher zu fühlen.

Dies hat zweifellos die Persönlichkeit der Flachländer geformt. So wie die Reederstochter Maria Tesselschade ihrem Unglück mit ruhiger Standhaftigkeit ins Auge blickte, so wird die Landschaft mit Sicherheit auch die Persönlichkeit meiner Kinder formen. Es ist eine Illusion zu glauben, der Boden, auf dem wir uns bewegen, lasse unseren Geist unberührt.

Neulich fragte mich meine sechsjährige mittlere Tochter beim Frühstück, warum vor unserem Haus der hohe Deich stehe.

»Um das Wasser zurückzuhalten«, antwortete ich.

»Warum?«

»Früher war hier überall Wasser. Der Polder, in dem wir wohnen, war einmal ein See.«

»Ein See?« Sie schaute durch die Terrassentür nach draußen. Im Osten ging die Sonne auf, und über den

Wiesen lag ein rotes Glühen. Hasen jagten einander die Gräben entlang.

»Damals kam das Meer bis an unser Haus«, sagte ich.

»Und jetzt nicht mehr?«

Ich schüttelte den Kopf.

Meine Jüngste spielte mit ihrer Brotrinde. Tessel saß neben ihr. Sie sah mich an und fragte: »Warum nicht?«

Ich zeigte nach draußen. »Wir haben Deiche gebaut.«

Tessel nickte.

»Hinter dem Deich sammeln wir das Wasser, im Ringkanal, du weißt schon«, erklärte ich. »Und aus dem Kanal pumpen wir es jeden Tag ab.«

»Kommt das Meer irgendwann mal wieder?«, wollte die Mittlere wissen.

»Vielleicht.«

»Warum?«

»Tja«, sagte ich, »weil die Erde immer wärmer wird und der Meeresspiegel steigt. Vielleicht schaffen die Deiche es irgendwann nicht mehr. Schwer zu sagen.«

Sie senkte den Blick auf ihr Erdnussbutterbrot, und ihr Pferdeschwanz wippte kurz, als sie wieder aufsah und fragte: »Was machen wir dann?«

»Ich weiß es nicht. Vielleicht müssen wir uns auf den Dachboden flüchten oder aufs Dach hinaus. Und auf Hilfe warten.«

»Wir müssen auf dem Dach sitzen und warten?« Tessel sah mich ungläubig an.

»Könnte sein.« Ich lächelte. »Aber so weit ist es noch nicht.«

»Wie lange dauert das noch?«, wollte sie wissen.

Ich zuckte mit den Schultern. »Es kann morgen passieren. Oder in zweihundert Jahren.«

Sie nickte; die Antwort schien ihr zu genügen.

Es kommt der Tag, da werden auch meine Töchter auf günstigen Wind warten, um fortzusegeln.

Nase im Wind

Irgendwann fuhr mein Bruder nicht mehr über den Abschlussdeich. Im selben Anhänger, mit dem er an jenem Septembertag zum Studium in den Norden gezogen war, brachte er seine Sachen nun wieder nach Hause. Das Bett, die Hoodies, den Stapel Jeans, den ledernen Ohrensessel. Alles stand wieder an seinem alten Platz – das Licht fiel ins Zimmer, durch die Zweige der Silberbirke gefiltert, in denen Tauben gurrten –, und doch schien jedes Möbelstück falsch zu stehen, kein Buch dort zu liegen, wo es hingehörte.

War er die stürmische Überfahrt leid? Vielleicht. Jedenfalls hatte er sein Geschichtsstudium an den Nagel gehängt und fuhr nur noch selten mit dem Bus übers Ijsselmeer. Da er nun wieder zu Hause wohnte, blieb ihm nichts anderes übrig, als alle möglichen Jobs anzunehmen, damit er »etwas zu tun« hatte. Frühmorgens ging er im schwarzen Anzug aus dem Haus und verkaufte Versicherungen, spätabends radelte er in schlampigen Jeans zurück, wie gerädert von der Schlepperei im Supermarkt. Er war auffallend zerstreut: Oft vergaß er etwas, eine Jacke oder sein Portemonnaie, und wegen seiner Fahrigkeit geriet er sogar mit seinem Chef aneinander. Mein Bruder mit dem pfeffer- und salzfarbenen Haar hatte immer öfter einen abwesenden Blick in den scharfen braunen Augen, als würde er sich wie ein scheues Tier in eine unterirdische Welt zurückziehen.

Man konnte sich kaum vorstellen, dass dieser Studienabbrecher einmal ein sanftmütiger Fünfjähriger gewesen war, der auf dem Campingplatz Zaubervorführungen veranstaltete. Der vor »Publikum« Eier herbeizauberte und einen Trick zeigte, bei dem er am Ende die richtige Karte aus dem Stapel zog. Der in Südfrankreich mit mir über den Campingplatz streifte, auf dem wir jedes Jahr mit der Familie Urlaub machten, nicht weit von Onkel und Tante, Cousins und Cousinen, die seit einigen Jahren am Mittelmeer lebten. Mein Bruder steckte mir Oleanderblüten ins Haar, und wir streunten stundenlang zwischen hohen Palmen und Olivenbäumen umher, barfuß, auf sandigen Wegen.

War er einmal nirgends zu sehen, langweilte ich mich. Wir beide und das Zirpen der Grillen im Gebüsch waren uns genug. Durch die Gegend stromern. Düfte einatmen. Kühlung suchen im Schatten der Pinien. Eines Tages kletterten wir an der Küste herum, und mein Bruder stieg auf einen hohen Felsvorsprung direkt am Wasser. Eine riesige Welle rollte heran, doch er blieb stolz und aufrecht stehen, mit dem Rücken zu mir, wie Caspar David Friedrichs *Wanderer über dem Nebelmeer*. Ich selbst – ich muss damals sechs oder sieben gewesen sein – hatte mich hinter den Felsen gekauert und hoffte nur, die Brandung werde ihn nicht fortreißen. Die Wogen brausten und schäumten und schlugen mit ungeheurer Wucht gegen die Felsen. Endlich kam er lachend wieder zum Vorschein; er hatte ein paar Schrammen abbekommen, schien aber nicht weiter verstört.

Dieses Bild meines Bruders am Meer, seine Silhouette über den Wellen hat mich nie wieder losgelassen. Vielleicht weil es meine erste Begegnung mit dem Sublimen war, dem Erhabenen, mit der Romantik des Grandiosen und Anarchischen der überwältigenden Natur. Wie er dort auf dem Felsen den wilden Wogen trotzte. Vielleicht hat es etwas mit dem zu tun, was die frühen Romantiker schon im 18. Jahrhundert so bewunderten: die Mischung aus Ehrfurcht Einflößendem und Abschreckendem. Der irisch-britische Philosoph Edmund Burke erklärte, Schmerz und Gefahr seien, wenn sie uns zu nahe kämen, nicht imstande, »uns irgendein Frohsein zu verschaffen (…). Aber aus einer gewissen Entfernung und unter gewissen Modifikationen können sie froh machen – und tun es wirklich«. Fand ich es deshalb so großartig, wie mein Bruder sich in der gefährlichen Brandung behauptete? Der Mensch inmitten der zerklüfteten Landschaft?

Wenn ich heute darüber nachdenke, wird mir bewusst, dass ich meinen Bruder kaum jemals ängstlich erlebt habe. Er war intelligent und abenteuerlustig, wenn auch nach den Worten meiner Mutter »zum Unglück geboren«. Wie oft kam er weinend nach Hause, wenn er wieder einmal hingefallen war! Und war er nicht mit einem Loch im Kopf von seiner eigenen Geburtstagsparty zurückgekehrt? Dennoch kletterte er immer wieder auf die höchsten Felsen.

Flachländerbeine kannte er nicht.

Als mein Bruder wieder zu Hause wohnte, wurden seine Tage stiller. Quietschend und knarrend kam sein Studentenleben zum Stillstand, dann sein Arbeitsleben, und schließlich schloss er sich tagelang in seinem Zimmer ein.

Manchmal, wenn ich den Kopf durch die Tür steckte, sah ich ihn gebeugt an seinem Schreibtisch sitzen. Er hatte etwas von einem alten Einsiedler an sich, wie er dort ganz in sich gekehrt beim matten Schein der Lampe mit Bleistift und Lineal Anmerkungen in eines seiner Bücher machte. Wenn ich ihn so sah, konnte ich mir kaum vorstellen, dass es einmal eine Zeit gegeben hatte, in der wir zusammen durch die Wiesen gestreift waren und im hohen Gras am Grabenrand Schilfzigarren geraucht hatten.

Seine Vorhänge hielt er gegen das grelle Winterlicht geschlossen.

Diese obsessive Wendung nach innen kam übrigens nicht aus heiterem Himmel. So lange ich ihn kannte, wollte er unbedingt Schriftsteller werden. Er hatte vor, erst Geschichte zu studieren, anschließend Journalismus, und dann wollte er anfangen, Bücher zu schreiben, Romane. Er war begabt, und als Junge ließ er mich seine Geschichten über subtropische Inseln und Reisen durchs Weltall auch lesen. Immer geschahen darin Wunderdinge, und er schien von der Sehnsucht beseelt, sich weit fort von allem zu bewegen. Ich selbst – ich muss ungefähr sieben gewesen sein – begann damals übrigens ebenfalls zu schreiben, Kurzgeschichten, und als Teenager verfasste ich Gedichte. Das Schreiben war etwas, das meinen Bruder und mich verband. Manchmal zeigte ich ihm meine Gedichte, und er empfahl mir Bücher zur weiteren Lektüre und gab mir Werke von Bret Easton Ellis, Truman Capote und Willem Frederik Hermans zu lesen.

In unserem Denken und Fühlen lagen wir auf derselben Wellenlänge. Wir teilten dieselben Interessen und auch eine gewisse Abenteuerlust, und so trat ich automatisch in seine Fußstapfen, seine Freunde wurden auch meine Freunde, und ich fühlte mich unter

Männern genauso wohl wie unter Frauen. Das ist auch so geblieben, und dafür bin ich ihm heute noch dankbar.

In einem letzten Versuch, sich doch noch so etwas wie ein Erwerbsleben aufzubauen, verließ er schließlich unser flaches Land. Er hatte den Plan gefasst, in den französischen Alpen Skikurse zu geben. Das mag seltsam klingen, aber in unserer Kindheit und Jugend waren wir jeden Winter in den Alpen gewesen, wir waren verschneite Hänge hinabgewedelt und hatten in Berghütten übernachtet. Das Skifahren war uns in gewisser Weise ebenso vertraut wie das Eislaufen auf den zugefrorenen Gräben hinter unserem Haus. Während ich aber schaudernd in tiefe Schluchten blickte, verzog mein Bruder keine Miene. Er fühlte sich zwischen den Gletschern genauso wohl wie auf dem flachen Land.

An einem dunklen Nachmittag winkten wir ihm nach, als er in einem Reisebus durch die Straßen der grauen Provinzstadt davonfuhr. »Die frische Luft wird dem Jungen guttun«, sagte mein Vater, aber seine braunen Augen blickten hinter seiner Brille besorgt in die Ferne.

In den Bergen kam mein Bruder schon bald vom Weg ab. Vielleicht lag es an der dünnen Luft, oder er hatte eben doch Flachländerbeine, die seine Herkunft verrieten – wie auch immer: Es ging ihm zusehends schlechter. Er erschien nicht mehr zu seinen Kursen, er bekam Streit mit Kollegen, er verlor seinen Pass, und eines Tages konnte ihn niemand mehr erreichen. Hatte er die Orientierung verloren? Fand er seine eigenen Spuren im Schnee nicht wieder? Ich stellte mir vor, wie er in die Berge geflüchtet war, wie er dort aus mehreren Tausend Meter Höhe auf die Holzhäuser und Gletscherflüsse im Tal hinabblickte und sich nach dem Flachland zurücksehnte. Die Bindung an die Heimat verliert man nie ganz. Es ist, wie Gustave Flaubert sagt: »Man nimmt das Vaterland an den Sohlen überallhin mit, und im Herzen trägt man, ohne es zu wissen, den Staub der verstorbenen Großeltern.«

Vier Wochen und einige Irrfahrten später kam er überraschend nach Hause zurück. Schon bald wurde deutlich, dass ihn sein Aufenthalt in den Bergen für immer verändert hatte. Es war, als hätten sich die schroffen Grate des Hochgebirges in seinem Kopf festgesetzt, seine Gedanken waren zersplittert und zerklüftet, seine Art zu denken nicht mehr nachvollziehbar.

Nicht lange nach seiner Rückkehr hörte er im Radio zum ersten Mal, wie er persönlich angesprochen wurde. Er kniete auf dem Boden, hielt das Ohr an den Apparat und fing über äolische Warnungen eine geheime Botschaft auf.

»Hör dir das an. Sie reden mit mir«, sagte er.

Während er zwischen Bücherregal und Sofa kauerte, empfing er mit gespannter Miene eine für uns unverständliche Mitteilung.

»Hörst du das? Sie nennen meinen Namen.«

An manchen Tagen lief er wie ein Tier im Käfig durchs Haus, mit gesenktem Kopf, die Hände auf dem Rücken zu Fäusten geballt, und sein nervöses Räuspern – ständig dieses Räuspern! – war überall zu hören. Er fing Zeichen aus anderen Sphären auf, die wir nicht beachteten. Er hörte Stimmen, und in seinem Blickfeld erschienen Menschen, die wir nicht sahen, Männer im Anzug, Geheimdienstleute, die vor unserem Haus patrouillierten. Wir waren Dummköpfe in seinen Augen, weil wir für all das blind waren. Seine Empörung über unsere Gleichgültigkeit staute sich in ihm an, sie hatte etwas deutlich Explosives, und wir spürten, dass sein Unmut sich irgendwann gegen uns richten würde.

Die Ärzte diagnostizierten eine Schizophrenie.

Ich flüchtete mich immer öfter nach draußen. Als rebellischer Teenager strampelte ich mit dem Rad gegen den Wind an, um den Kopf freizubekommen. Ich hielt den Blick auf die schmale Polderstraße gerichtet, die wie ein Brett zwischen den Wiesen und Weiden lag, links und rechts Gräben und Kopfweiden. Das Radfahren war meine einzige Möglichkeit, die dumpfe Atmosphäre zu Hause hinter mir zu lassen.

Geredet wurde über unsere Sorgen kaum. Westfriesland ist eine Region nüchterner Calvinisten, die mit Schicksalsschlägen anders umgehen. Wir überlassen uns nicht so leicht unseren Emotionen. Stundenlang radelte ich durch das weite Land, die menschenleere Landschaft mit ihren Wassergräben und den schwarz-weißen Holstein-Rindern, die im Griff des x-ten vom Meer heranziehenden Tiefdruckgebiets trübsinnig im Regen standen. Ich fand darin mehr Trost als in einer Tasse Tee oder einem Arm um meine Schultern. Was war schöner anzusehen als die aufreißende Wolkendecke, die das Blau des Himmels freigab? Wer, wenn nicht ich, wusste, wie man sich über den Lenker beugen musste, um den Gegenwind zu überlisten? Meine Füße standen fest auf den Pedalen, und mit jeder Umdrehung rückten die wirbelnden Gedanken weiter in den Hintergrund. Ich radelte so lange, bis meine Beine müde und mein Geist ebenso erschöpft war, und fuhr dann die kilometerlange Strecke wieder zurück. Vielleicht ist es das, was manche Meditation nennen: den Blick im Atmen der Luftströme auf einen Punkt in der Ferne richten.

Ich war ihr Haus

Das neue Haus ist fertig. Nachdem wir fast ein Jahr in der Scheune gewohnt haben, beziehen wir endlich dieses Haus mit seinen Backsteinmauern und Eichenböden. Wenn ich von hinten darauf zugehe und es in voller Pracht da stehen sehe mit seinen roten Ziegeln und dem steilen Dach, das an einen steifen Kragen erinnert, dann kommt mir immer ein Satz aus John Steinbecks *Jenseits von Eden* in den Sinn: »Bordonis weißes Holzhaus lag sehr still da, geradezu in brütender Stille; die Rouleaus waren herabgelassen.«

Rollos hat unser Haus zwar nicht, aber wie es dort mitten in der weiten Landschaft steht, erinnert es aus der Ferne tatsächlich an ein einsames Landhaus im kalifornischen Salinas Valley, das Steinbeck so wunderbar in seinem Buch beschreibt. Von unserer Terrasse aus blicken wir auf das Grünland und die drei Windmühlen hinten auf dem Deich. Im Sommer, wenn Heu gemacht wird, weht der würzige Duft durch die offenen Terrassentüren herein.

Das Unheimliche liegt zweifellos darin, dass ich es noch immer nicht glauben kann: Die Arbeit ist definitiv getan. Keine Klempner mehr, die Armaturen montieren oder Rohre legen, keine Fensterrahmen mehr, die gestrichen werden müssen, keine Tapeten- oder Farbmuster, die ich zum x-ten Mal durchsehen muss.

Am Tag der Übergabe kam der Bauunternehmer noch einmal zu einem letzten Check vorbei und klopfte mit seinem Hammer stundenlang gegen Dachsparren, Geländer und Regenrinnen. Er erinnerte mich an einen Priester, wie er so mit seinem rhythmischen Klopfen unser Haus einsegnete.

Von dem einstigen Bauernhof sind nur ein paar Wände stehen geblieben. Das Haus war alt und dennoch voller Leben, einfach deshalb, weil unsere Kinder dort aufwuchsen: Als Babys krabbelten sie über den Linoleumboden, auf ihren Steckenpferden ritten sie die knarrende Treppe hinauf und hinunter, ihre Füßchen stapften über den dünnen Dielenboden, und als sie größer wurden, spielten sie im hellhörigen Obergeschoss mit ihren Playmobil-Figuren. Es war ein Pappkartonhaus mit dünnen Wänden und einfach verglasten Fenstern, die jedes Mal klirrten, wenn ein Traktor oder ein Laster vorbeifuhr. Zwischen den Wänden wucherte der Schimmel, und auch die Dielen waren schwarz von Feuchtigkeit, sodass die Wohnung modrig roch, als sei sie in Verwesung übergegangen. Durch die Ritzen in den verrotteten Fensterrahmen zog es herein, und die kalte Luft schlug sich als Kondenswasser an den Scheiben nieder. Schnecken, die über den Efeu durch das kleine Badezimmerfenster hereinkrochen, glitten von den weißen Kacheln mühelos in die Badewanne hinab und hinterließen ihre Schleimspuren. An manchen Tagen hörten wir Ratten über die falsche Decke trippeln. Sie kamen durch ein Loch in der Stallwand und bauten drinnen ihre Nester, mit Dutzenden von Nachkommen … Im angrenzenden Stall standen die Holstein-Rinder. Wenn es still war, hörte man durch die Wand ihr Muhen und das Scheppern der Fressgitter.

Ich war froh und traurig zugleich, als das Haus eines Tages dem Abbruchhammer zum Opfer fiel; es war ein Ende und zugleich ein Neuanfang. Zwischen den Trümmern konnte man den Grundriss noch deutlich erkennen: Hier war die Küche mit den weißen Kunststoffschränken gewesen, da das Bücherregal mit den verstaubten Brettern, dort das Spielzimmer, in dem die Kinder auf dem blauen Teppich mit ihren Puppen gespielt und sich unter dem Schreibtisch aus Wolldecken und einem Spitzentuch ein Bett gebaut hatten … Von alldem war jetzt nur noch der hölzerne Unterbau zu sehen, in den das Grundwasser einsickerte.

Wir würden alles wieder aufbauen. Stein für Stein. Brett für Brett.

Genau um Viertel vor fünf Uhr morgens reißt mich ein Donnern am neuen Dachfenster aus dem Schlaf. Ein Sturm fegt über die Felder im Süden, und das Haus ächzt unter seiner Wucht. Das Fenster steht einen Spalt offen, und man hört ein anhaltendes schrilles Pfeifen wie von einem Schiffbrüchigen auf See.

Selbst bei einem so neuen Gebäude schafft es die Außenwelt, ins Innere einzudringen.

Es ist etwas Vertrautes, vom Südweststurm aufgeweckt zu werden, der gegen die Fenster wummert und oft im Lauf der Nacht noch weiter anschwillt (ich weiß nicht, ob das eine Art Naturgesetz ist), so heftig, dass er uns gegen Morgen alle aus dem Schlaf reißt. Es fühlt sich an, als würden wir gleich kentern.

Unsere Jüngste erscheint im Pyjama hellwach in der Schlafzimmertür und kriecht zu mir ins Bett. Ihr Körper ist noch warm und weich vom Schlaf – ein Kontrast zur Welt da draußen, der mich die Dinge schärfer sehen lässt.

Der Wind stört und wärmt mich zugleich.

Einige Tage zuvor hatte ich den alljährlichen Bücherball im Amsterdamer Stadttheater besucht, und die Gespräche, das Gekungel, die Heuchelei, das Gehabe der Menschen, die sich wie Pfauen auf der Tanzfläche produzierten, und die ganze Hektik der Stadt hatten mich müde und reizbar gemacht, sodass ich in den Nächten danach tiefer schlief als sonst. Jetzt aber, bei diesem Pfeifen, sitze ich kerzengerade im Bett, und mein Kopf dreht sich noch beim Gedanken an die Tanzfläche, so als wäre ich seekrank.

Ich höre nur die Leere des Landes.

Meine Tochter kuschelt sich im Halbdunkel an mich, und ich spüre den Stoff ihres Pinguinpyjamas, ihre Fingerchen, die sich um mein Handgelenk schließen. »Was pfeift da so komisch?«, fragt sie.

»Das ist der Sturm«, flüstere ich.

»Weiß ich doch«, antwortet sie.

»Bist du davon aufgewacht?«

Sie nickt.

»Bleib einfach bei mir liegen, bis deine Schwestern wach werden.«

Es erfüllt mich auf seltsame Weise mit Stolz, dass wir für unsere Kinder ein Haus gebaut haben. Dass jede ihr eigenes Zimmer hat, dass sie ihre Füße an einem Holzofen wärmen können. Dass wir unsere Töchter behüten, einen Schutzschild für sie errichtet haben, hinter dem sie Zuflucht finden können.

Als ich am Vormittag hinausgehe, sehe ich, dass die Bäume, die wir tags zuvor gepflanzt haben, krumm und schief stehen. Die Maulbeerbäume, die fünf Quitten, die Linde und auch die Weißdornhecke, der Spindelstrauch und der Holunder sind schräg in den feuchten Kleiboden abgesackt. Die Wiese ist mit Zweigen übersät, als hätte jemand den Bäumen einen kräftigen Rückschnitt verpasst. Die Stühle auf der Terrasse sind umgestürzt, ebenso der Holzständer mit den Gummistiefeln und die Pflanzkübel mit den Skimmien.

Die Kinder können unmöglich mit dem Rad zur Schule, das geht nur bis Windstärke fünf, und auch dann muss man gut aufpassen. Heute haben wir Windstärke sieben. Ich fahre sie mit dem Auto bis kurz vor die Schule, wir sind zu spät dran, und ich bekomme kaum die Türen auf, weil der Wind sie sofort wieder zuschlägt. Mit ihren bunten Rucksäcken, die Köpfe gesenkt und die Kapuzen fest zugebunden, laufen sie über den leeren Schulhof.

Als die Schulglocke ertönt, sind sie schon um die Ecke verschwunden.

Der kleine Abschied ist seltsamerweise der schwerste; all die Momente, die sich in den täglichen Abläufen einfach verflüchtigen und die niemand groß zu beachten scheint. All die Fußspuren und Erinnerungen, die durch die Luft schwirren wie ein auffliegender Spatzenschwarm.

Ich erinnere mich noch sehr deutlich, wie ich die Kinder nach ihrer Geburt dicht an mir trug. Ich wickelte sie in das blaue Tuch, setzte mich mit ihnen bei dem Gemüsegarten und den Himbeersträuchern auf die Gartenbank am Feldrand und hielt die Hand schützend über das Babyköpfchen, schirmte es ab gegen das grelle Licht und noch die leiseste Brise. In den ersten Lebensjahren meiner Kinder war ich ihr Haus. Wie viele Runden habe ich durch den Garten gedreht, den kleinen Körper fest an mich gedrückt, so lange, bis sie eingeschlafen waren! Wie oft habe ich das weiße Tuch als Sonnenschutz vor ihr Gesicht gezogen und sie an rauen Wintertagen in Wolldecken gewickelt!

Heute stürmen meine Töchter am liebsten ohne Jacke hinaus … Sie scheinen immun gegen Kälte und Nässe, sie klettern über das Gatter und verschwinden durchs Gras zu den Feldern, ich höre sie rufen und lachen, wenn sie Froschlaich aus dem Graben fischen oder den geraden Linien der Traktorspuren folgen, und sie scheinen sich keine Sekunde des Februarregens bewusst, der gleißenden Lichtbahnen, die zwischen den Wolken auf die Erde fallen; sie rennen mittendurch.

Dritter Teil

Abflauen

Kontrolle

Unseren Amsterdamer Balkon erkannte man an den roten Geranien. Die Gehwegplatte neben der Haustür hatten wir herausgenommen, damit die Glyzinie am Regenrohr hochklettern konnte, und nun streiften schon bei der leisesten Brise ihre Triebe übers Küchenfenster. Der Balkon war vollgestellt mit Tontöpfen, in denen Schmucklilien, Schopflavendel, Oleander und Prachtspieren wuchsen. Es gab sogar einen Blumenkasten mit weißen Petunien, die mein Mann furchtbar hässlich fand, und in der Ecke waren Säcke mit Blumenerde gestapelt, sodass kaum Platz blieb, um an dem schmiedeeisernen französischen Tischchen zu sitzen.

In dem Viertel, in dem ich damals wohnte, waren die Häuser alle gleich: drei Stockwerke, enge Treppen, an verkehrsreichen Straßen gelegen. Man lebte eingepfercht übereinander, Individuen in ihren Zellen, jeder mit seinen eigenen Sorgen, Streitereien und Partys bis tief in die Nacht.

Fast zehn Jahre wohnte ich mitten in der Stadt, im Windschatten der Mauern.

Ich weiß noch genau, wie ich hinter dem Balkon mit den Geranien, hinter der Balkontür, den neunten Monat meiner Schwangerschaft aussaß. Es war März, schon fast Frühling, und oft schaute ich auf meinem Schreibtischstuhl einfach nur nach draußen. Die Aussicht endete an der hohen Mauer des Wohnblocks gegenüber. Gegen Abend, wenn die Sonne tief stand, fiel der Schatten unseres Hauses darauf, sodass sich die Mauern gleichsam verdoppelten. Die Straße bestand aus Stein, Zement und Metall.

Nachts rissen mich die Stammgäste der Kneipe »Bonita Latina« mit ihrem Gegröle aus dem Schlaf. Manchmal stand ich dann auf, um zu sehen, was los war. Einmal kam es zu einer Schlägerei, und anschließend liefen zwei große Frauen im Minirock quer über die Straßenbahnschienen, ein Bierglas zerklirrte auf dem Asphalt, und jemand kreischte. Wenn ich dann wieder eingeschlafen war, hatte ich einen wiederkehrenden Traum: grüne Wiesen, Himmel, Wolken. Ein weiter Horizont. Die Landschaft meiner Kindheit.

Als frischgebackene Studentin stieg ich an einem schwülen Sommernachmittag mit meinem Fahrrad und einer

Reisetasche voller Kleider und Bücher in den Zug und ließ meinen Heimatort hinter mir. Ich war Anfang zwanzig und neugierig, und noch am selben Tag radelte ich mitten durch Amsterdam, die Prinsengracht entlang, in deren Wasser sich die Sonne und das leuchtend grüne Laub der Ulmen spiegelten. Jetzt geht es los, dachte ich. Was da losgehen sollte, wusste ich nicht so genau, aber ich war der festen Überzeugung, dass eine geografische Veränderung zwangsläufig auch eine geistige Wende bewirken würde. War hier nicht das Mekka, das Zentrum des Bienenstocks, wo der Honig aus Kneipen und Häusern troff? Ein Ort ohne bürgerliche Moral? Kurz: War ich hier nicht vollkommen frei?

Meine erste Wohnung – im dritten Stock eines verfallenden Hinterhauses – war so heruntergekommen, dass ich die verrotteten Fenster kaum aufbekam und nachts die Ratten auf dem Dachboden hörte. Im Stockwerk unter mir wohnte ein Blinder, der kaum jemals das Haus verließ, nur wenn er von einem Bekannten abgeholt wurde. Ich höre ihn noch mit seinem Stock gegen Treppenstufen und Wände stoßen, wenn er sich nach unten tastete.

Manchmal stand seine Tür einen Spaltbreit offen, dann konnte ich einen Blick in sein Wohnzimmer erhaschen und erschrak jedes Mal: Decke und Wände braun, als würde hier von früh bis spät geraucht, keine Teppiche auf dem Boden, keine Vase auf dem Tisch.

Das einzige Möbelstück, das da stand oder das ich erspähen konnte, war ein abgewetztes Sofa. Da der Mann nichts sah, brauchte er natürlich keinen Nippes oder sonstigen Schnickschnack. Leben allein mit dem Tastsinn macht genügsam.

Ich selbst hatte zwar tadellose Augen, aber in meiner Wohnung sah es nicht viel besser aus. Außer einem Gasofen und einem alten Schreibtisch stand darin nur ein französisches Bett, das gerade breit genug war für sexuelle Abenteuer. Dass meine erste eigene Wohnung so dürftig eingerichtet war, lag vor allem daran, dass ich mich nicht gern darin aufhielt; am liebsten machte ich die Tür von außen zu. Ich schwang mich aufs Rad, und ab ging es in die Stadt.

Die erste Zeit in Amsterdam – es waren glückliche, wilde Jahre. Ich besuchte die hippsten Underground-Partys auf einem frisch angedockten Boot, Silvester feierten wir in einem Bunker im Szeneviertel der NDSM-Werft (als dort noch weit und breit kein Hotel und keine Marketingfirma zu sehen waren), es gab Auftritte der Rockband unserer Clique, die jedes Mal bis in die frühen Morgenstunden dauerten und nach denen wildfremde Menschen auf unseren Sofas schliefen. Ich zog unbeschwert von einer Wohnung in die nächste um und schloss schnell Freundschaft mit den neuen Mitbewohnern. Ich arbeitete für die *Vogue*, für Werbeagenturen und später als selbstständige Journalistin, bis ich anfing, Romane zu schreiben. Es war ein hochprivilegiertes, sorgloses Leben, dessen Tage sich mit Stehempfängen in Galerien und Buchhandlungen oder mit pseudooffenen Gesprächen in hippen Cafés aneinanderreihten, mit Menschen, die dem eigenen »Netzwerk« nützen konnten.

Das tägliche Leben drehte sich vor allem um andere Menschen und darum, wie ich mich ihnen gegenüber verhielt: Verabredungen in Kneipen, wo man an wackeligen kleinen Holztischen endlos plaudernd die Stimmung des Gegenübers auslotete oder aber bis weit in die Nacht tiefsinnige Gespräche führte. Wer in der Stadt wohnt, fokussiert sich auf die innere Landschaft.

Nach ein paar Jahren zog ich in der Wohnung mit den roten Geranien mit meinem Freund zusammen.

Die umgepflügten schwarzen Äcker hatte ich weit hinter mir gelassen. Wollte ich morgens wissen, ob es draußen windig war, schaute ich zu der Laterne hinüber, die über der Straße hin und her schwang; ob der Wind aber von Osten oder von Südwesten kam, war nicht zu erkennen. Wohin eine Wolke zog, konnte ich nur bis zum nächsten Häuserblock verfolgen. Der Himmel war in große Vierecke unterteilt, scharf begrenzt von Dächern, hohen Mauern und niedrigen Wolken, sodass jedes Tief und jede Aufheiterung für mich völlig überraschend kamen.

Im Nachhinein frage ich mich, was übrig geblieben war von dem Freiheitsgefühl, nach dem ich in der ersten Zeit so hoffnungsvoll gesucht hatte. Denn nach all den Jahren muss ich mir eingestehen, dass das Gegenteil der Fall ist: Ich kenne kaum einen Ort, an dem die Menschen einander so genau beobachten wie zwischen diesen Backsteinmauern. In Ermangelung einer Aussicht – keine Sonne, die im Osten über dem offenen Land aufgeht, kein Turmfalke, der sich auf einem Pfosten niederlässt – bleibt der Blick zwangsläufig am erstbesten Fußgänger hängen, der die Straße überquert. In den engen Straßen, den Gassen, den dunklen Kneipen befasst man sich mit nichts anderem als miteinander. Wer lange genug im Zentrum wohnt, wird pausenlos beäugt, beobachtet, belauert. Das macht unruhig und nervös.

Stadtbewohner bezeichnen Landbewohner oft abfällig als »spießig und klatschsüchtig«, dabei stehen sie ihnen kaum nach. Mehr noch: Sie scheinen nichts lieber zu tun, als ihre Nase in anderer Leute Angelegenheiten zu stecken, und sobald sie auch nur entfernt Unrat wittern, posaunen sie es sofort in den sozialen Netzwerken herum, wie Bienen, die ihrem Volk mit ihrem Tanz den Weg zum besten Nektar weisen. Während die Menschen auf dem Land ihren Blick als Erstes auf den Boden unter ihren Füßen und auf die Wolken über ihrem Kopf richten, schauen die Menschen in der Stadt hauptsächlich auf die anderen und suchen Bestätigung in deren Blick.

Nicht nur die Menschen werden kontrolliert, auch das Wasser wird in Zaum gehalten. Die Grachten mit ihrem trüben Wasser umschließen in Halbkreisen den alten Stadtkern. An heißen Sommertagen riecht das Wasser, das aus dem Ij in geometrischen Linien durch die Stadt fließt, nach verdorbenem Fisch und scheint fast stillzustehen. Manchmal werden Fahrräder daraus geborgen, die dann wie verweste Leichen auf dem Kai liegen, ähnlich den zahlreichen Ertrunkenen, die Jahr für Jahr aus den Grachten gefischt werden. Auch gebändigtes Wasser ist unbarmherzig.

Die ersten Menschen, die in den Westen kamen, an den Ort, der später Amsterdam genannt werden sollte, lebten in strohgedeckten kleinen Lehmgehöften zwischen Mooren und Sümpfen. Es war eine unwirtliche, feuchte, wind- und regengepeitschte Gegend. Alles andere als der Touristenmagnet, der Amsterdam heute ist.

Diese ersten Bewohner legten ein Stück Land trocken, indem sie Gräben aushoben und Deiche bauten, um das Wasser fernzuhalten. Es dauerte nicht lange, und arme Familien nahmen dieses in Meeresnähe gelegene Land in Besitz und begannen, kleine Gemeinschaften zu bilden. Klugerweise bauten sie auf der absinkenden Erde Gerste und Weizen an und fingen in den sumpfigen Buchten Hechte, Aale und Karpfen. Um das Jahr 1200 wurde im Gefolge zweier Überschwemmungen im Fluss Amstel, der in direkter Verbindung mit dem Meer stand, ein Damm errichtet. Dieser Damm bildet noch heute den Kern der Stadt und gab der Gegend ihren Namen: Amstelredamme.

Ich weiß nicht, was die Menschen in diesen stürmischen Winkel der Niederen Lande zog, ob Klugheit oder eher sture Verbissenheit. Mit Sicherheit aber findet man so viel stoisches Beharrungsvermögen nirgendwo sonst auf der Welt. Die Menschen blieben und erhöhten ihre Deiche. Sie legten Entwässerungsgräben an und pflügten ihre Äcker, bis sie die ersten Ernten einbringen konnten. Schon während dieser frühen Anfänge muss sich im Kampf gegen das Wasser der holländische Kaufmannsgeist herausgebildet haben. Die Bewohner dieses absinkenden Landes waren gezwungen, zusammenzuarbeiten, und sie vertrauten auf Gott, dass dies kein aussichtsloses Unterfangen war, sondern dass ihnen eines Tages großer Wohlstand daraus erwachsen würde.

Der Amerikaner Russell Shorto beschreibt in seiner umfangreichen Geschichte Amsterdams, wie das »Mirakel von Amsterdam« die Stadt im Mittelalter auf einen Schlag berühmt machte. An einem eisigen Dienstagabend vor Palmsonntag empfing ein Sterbender die Sakramente, musste sich jedoch gleich darauf übergeben, und die beiden Frauen, die ihn pflegten, sahen zu ihrem Erstaunen, dass die Hostie seinen Mund unversehrt wieder verlassen hatte. Sie warfen das Erbrochene ins Kaminfeuer, doch die erstaunliche Hostie entzündete sich nicht. Das wurde zum Wunder erklärt, und dort, wo das Haus des Mannes gestanden hatte, errichtete man eine Kirche. Sie brannte später bis auf die Grundmauern nieder, zwei Mal sogar, doch die Hostie überstand auch dies.

Das »Mirakel von Amsterdam« machte die Stadt zum Wallfahrtsort, und aus ganz Europa pilgerten Tausende dorthin. Über den Heiligeweg (heute eine ganz normale Straße, die Overtoom) strömten sie heran, bis sie vor der Kapelle »Ter Heylighen Stede« standen, in der sich die Hostie befand (heute der touristische Amsterdam Dungeon). Geistliche machten sich nach der Stadt auf, und innerhalb eines guten Jahrhunderts wurden dort Dutzende von Männer- und Frauenklöstern gegründet.

Amsterdam wuchs um sein Mirakel herum, berichtet Shorto, und die ersten Grachten wurden angelegt, um die immer unruhigen Gewässer zu bändigen und in befahrbare Wasserwege zu kanalisieren.

Heute sinkt die Stadt immer weiter ab. Die Holzpfähle, auf denen die Häuser erbaut wurden, verrotten allmählich, und die Prachtbauten an den Grachten stehen teilweise schief. Der Klimawandel mit seinen trockeneren, heißeren Sommern und ein Pegelstand, der künstlich niedrig gehalten wird (damit die Bauern nicht in den sumpfigen Poldern versinken), führen dazu, dass sich der alte Moorboden unter der Stadt senkt. Das wiederum hat zur Folge, dass die Pfosten austrocknen und im Lauf der Jahre »zerbröseln«. Ironischerweise sinkt Amsterdam also in ebenjenen Moorboden ab, auf dem es einst mit so viel Willensstärke erbaut wurde, jedes Jahr um einige Millimeter. In den Hauswänden zeigen sich Risse, und manchmal stürzen ganze Kaimauern ein. Jahr um Jahr werden die Grachtenhäuser für Millionenbeträge instand gesetzt und restauriert, um die Stadt am Leben zu erhalten.

Nachdem ich nun in meine »alte Heimat« zurückgekehrt bin, kommen noch manchmal Freunde aus der Stadt zu Besuch, meist im Frühling oder Sommer, wenn das Wetter schön ist und die Wolken weniger bedrohlich wirken. In Shorts und Flipflops steigen sie aus dem Auto, als kämen sie gerade aus den Tropen, und oft sind sie völlig perplex, dass es hier windig und immer ein paar Grad kälter ist als zwischen den Backsteinmauern der Stadt. Sie freuen sich besonders, wenn es zum Essen etwas aus unserem Gemüsegarten gibt, in den sie auch gern mitkommen, weil hier ja alles so schön bio ist: Salat, Zucchini, frische Brombeeren und Himbeeren auf dem Obstkuchen, verziert mit essbaren Blüten, zum Beispiel denen des Borretschs. Oft bleiben sie länger als geplant, sitzen am Lagerfeuer, trinken Wein und lauschen den Rufen vorüberfliegender Brachvögel und Austernfischer, bis sich die Dunkelheit über das Land senkt und die Sterne am Himmel stehen.

Brachland

April is the cruellest month, breeding
Lilacs out of the dead land, mixing
Memory and desire, stirring
Dull roots with spring rain.

T. S. Eliot, *The Waste Land*

Als wir im Frühjahr 2015 aufs Land zogen, konnte ich für den Polder, in dem wir nun lebten, kaum Interesse aufbringen. Die blauen Krokusse, die ihre Köpfe aus dem Gras emporreckten, der Fasan, der durch unseren Garten spazierte, das Scharbockskraut, das in gelben Polstern an der Böschung spross, die Schnepfen, die lärmend in das Sumpfland zurückkehrten – das alles ließ mich kalt. Das mag seltsam klingen von jemandem, der Loblieder auf das flache Land singt, aber das war es nicht, denn ich steckte damals schon seit Monaten in einer Depression, die einfach nicht weichen wollte.

Ich erinnere mich noch genau an den Tag, als wir uns entscheiden mussten, ob wir wirklich hier wohnen wollten: Ich lehnte in meinem langen Mantel mit dem Pelzkragen neben meinem Mann und unserer zweijährigen Tochter am eisernen Gatter, blickte über die Wiesen, die nach dem Winter schrecklich welk und braun aussahen, und hatte nur einen Gedanken: Raum. Viel mehr dachte ich nicht. Raum. Es war eine Art Gewissheit, dass sich hier eine Möglichkeit bot durchzuatmen. Dass ich hier nicht zwischen Mauern, Häusern, klingelnden Straßenbahnen, lauten Nachbarn und allerlei anderen Stressfaktoren eingesperrt sein würde, die derartig an meinen Nerven gezerrt hatten, dass mir irgendwann jedes Gefühl für das Sein selbst abhandengekommen war. Die Tage hatten sich vor mir gedehnt wie das weite Land, auf das ich nun hinausblickte, aber es war eine Weite ohne Perspektive gewesen, ohne klaren Horizont.

Das Frühjahr war rau und unfreundlich, und ich befand mich in einem Vakuum, mir selbst ausgeliefert. Meinen endlosen Grübeleien. Ich konnte nicht mehr aufhören zu denken. Die Winde vom Meer her, die Warnrufe der Austernfischer – nichts berührte mich mehr, es existierte praktisch nur noch meine Innenwelt. Damit musste ich klarkommen. Das Problem war nur, dass ich überhaupt nicht in dieser Innenwelt sein wollte. Jeden Morgen wachte ich mit einem dumpfen Gefühl im Kopf auf, das den ganzen Tag anhielt. Ich fühlte mich furchtbar. Erst gegen Abend wurde es ein wenig besser. Oft aber auch nicht.

Ich arbeitete damals in Amsterdam an der Fertigstellung meines zweiten Romans. Morgens radelte ich im ersten Licht zur Stadtbibliothek, die ich erst verließ, wenn es bereits wieder dunkel war. Der Schreibprozess nahm mich völlig in Beschlag, und im Nachhinein gesehen, waren meine Arbeitstage viel zu lang. Doch anstatt lange Spaziergänge zu machen, um mich von der angestauten Unruhe und all den Gedanken und Bildern, die mir ständig durch den Kopf spukten, zu befreien, begnügte ich mich mit kurzen Pausen auf der Eingangstreppe der Bibliothek. Ich saß still und schrieb. Immer wieder kam es in diesen Wochen vor, dass ich den ganzen Tag mit kaum jemandem sprach. Und dann waren da noch die zerrissenen Nächte mit meiner Tochter, die vom Lärm der Nachbarn regelmäßig aus dem Schlaf hochschreckte. Es liegt an der frühen Mutterschaft, vermutete ich. Nicht jammern. Durchhalten. Nicht darüber reden. Ich bin in einer Gegend aufgewachsen, in der man Emotionen besser für sich behält.

Ich erinnere mich, dass ich in der Bibliothek oft auf der Rolltreppe stand und dachte, sie nehme nie ein

Ende. Ich weinte nicht. Ich wartete einfach nur, bis ich endlich oben war.

Natürlich musste ich schließlich doch mit jemandem reden. Zuerst ging ich zu meinem Hausarzt, der mich dann an eine Psychologin überwies, die zufällig denselben Vornamen hatte wie ich, sodass ich sozusagen mir selbst gegenübersaß. Einem Selbst jedoch, das die Dinge klarer zu sehen und meinen Geist besser zu ergründen vermochte als ich. Einige Jahre zuvor war ich schon einmal bei ihr gewesen, hatte am selben kleinen Holztisch gesessen, auf demselben Hausboot in der Gracht, in der die Schwäne ruhig vorüberzogen. Auch damals hatte sie gesagt, dass man über Gefühle reden müsse. Dass man fühlen lernen müsse. Doch ich hatte mich geweigert. Und jetzt saß ich wieder hier.

Ich bin ein unruhiger Mensch. Ohne Weiteres kann ich über Wochen oder Monate fröhlich und unternehmungslustig im Leben stehen, nichts ist mir dann zu verrückt, nichts zu impulsiv oder überdreht, und anschließend versinke ich in einer Phase, in der ich gar nichts mehr will und allen gesellschaftlichen Verpflichtungen aus dem Weg gehe. Dann können mich schon Kleinigkeiten aus der Bahn werfen: ein zu heftiger Kater nach einer Party, Stress, Reisen, eine Deadline. Meine Gemütslage ändert sich schnell, Hochs und Tiefs wechseln einander ständig ab, einmal lasse ich mich gern mitreißen, ein andermal verfange ich mich in einer Depression, die lange anhält.

Als ich das erste Mal »aufflog«, litt ich unter allerlei unerklärlichen Ängsten und schlummernden Phobien. Dank meiner Psychologin erwiesen sie sich dann als durchaus erklärbar, und sie behandelte mich wegen einer posttraumatischen Belastungsstörung (PTBS), die nach dem Tod meines Bruders aufgetreten war. Trotz der erfolgreichen Therapie aber habe ich bis heute Probleme mit den Nerven. Sie sind einfach zu straff gespannt, könnte man sagen. Ich erschrecke bei der kleinsten Kleinigkeit. Eine zuschlagende Tür. Wenn Fremde unser Grundstück betreten. Wenn ich plötzlich eine Hand auf meiner Schulter spüre. Meine Töchter wissen mittlerweile, dass sie mich nicht »zum Spaß« erschrecken dürfen.

Psychische Erkrankungen ziehen sich wie ein roter Faden durch unsere Familie. Nicht nur mein Bruder war davon betroffen, sondern auch meine Großmutter und eine Tante väterlicherseits. Untersuchungen haben ergeben, dass Künstler häufiger als andere Menschen schizophrene Patienten in der Verwandtschaft haben. Die positive Seite der genetischen Veranlagung für Schizophrenie scheint eine Extraportion Kreativität zu sein. Man vermutet darin auch den Grund, warum die Krankheit Schizophrenie nicht ausstirbt, sondern in der Bevölkerung weiterhin vorkommt. Es muss also ein gewisser evolutionärer Vorteil mit ihr verbunden sein. Aber was soll ich damit, dachte ich, als ich das las. Muss der eine leiden, während der andere einen evolutionären Vorteil genießt?

Das konnte doch nicht Sinn der Sache sein.

Dennoch scheint es so zu sein, dass Geschwister schizophrener Patienten aufgrund eines Zusammenspiels von Genen und Veränderungen in der DNA mit höherer Wahrscheinlichkeit eine sogenannte schizoaffektive Persönlichkeitsstörung entwickeln, die irgendwo auf einem Spektrum zwischen »schizophren« und »normal« liegt. Die Betroffenen haben häufiger ein ruheloses Wesen, sind anfällig für Ängste und Depressionen und neigen zu »magischem Denken«. Psychologen in London und Auckland, Neuseeland, untersuchten 2006 eine Gruppe bildender Künstler und fanden einen deutlich überdurchschnittlichen Anteil schizotypischer Persönlichkeiten.

Viele Künstler balancieren auf dem schmalen Grat zwischen Normalität und Verrücktheit. Das »Geheimnis« eines solchen schizotypischen Gehirns scheint in der Aktivität der wichtigsten Dopaminsysteme zu liegen, die hohe Werte aufweist. Dabei bleibt der sogenannte Frontallappen – der Sitz der Planungs- und Steuerungszentren – ein wenig außen vor, damit mehr Raum für Kreativität entsteht. Aber vor allem diese

Dopaminflut erklärt die Arbeitswut von Künstlern wie Edvard Munch. Er hinterließ 1200 Gemälde und 4500 Zeichnungen.

Munch (1863–1944) entstammte einer Familie mit großen psychischen Problemen. Zu der Zeit, als er den *Schrei* schuf, machte er gerade eine schwierige Phase durch: Seine Beziehung mit einer verheirateten Frau ging in die Brüche, und er sorgte sich um seinen depressiven Vater. Sein Großvater war in einer psychiatrischen Klinik gestorben, seine Schwester Johanne Sophie litt an Schizophrenie. Munch selbst war wahrscheinlich nicht schizophren, aber seine Schwermutsanfälle und seine Ruhelosigkeit deuten auf eine milde Form der Krankheit hin, die als schizotypische Persönlichkeitsstörung bezeichnet wird.

Er malte den *Schrei* im Gefolge einer Panikattacke. Mit zwei Freunden hatte er auf einem Weg, den sie gut kannten, einen Hügel im norwegischen Ekeberg bestiegen, unweit der psychiatrischen Klinik, in der sich seine Schwester befand, und eines Schlachthofs. Hinterher erzählte er, bei Sonnenuntergang habe sich der Himmel über dem Fjord blutrot gefärbt und es sei ihm vorgekommen, als würde die ganze Natur schreien.

In seinem späteren Leben wurde er wegen seiner Schwermut mit Elektroschocks behandelt. Danach konnte er ein einigermaßen normales und phasenweise auch heiteres Leben führen und wurde zu einem stabilen, fröhlicheren Menschen. Aber seine Genialität war dahin. Er bedaure, sagte er, dass man ihm etwas genommen habe, dem sein Künstlertum so viel verdanke.

Doch zurück zum Frühjahr 2015. Aus dieser ersten Zeit sind mir vor allem die windbewegten Pappeln in Erinnerung geblieben. Am liebsten lag ich am großen Fenster auf dem Sofa und betrachtete die hin und her schwankenden Bäume, das Gewirr der Zweige vor dem Hintergrund des grauen Himmels. Dahinter dieses flache, karge Land. All das schien kein Ende zu nehmen, das Land nicht, die Kargheit nicht, das Wehen der Pappeln nicht; es war, als würden die Bäume permanent gehetzt und kämen nie zur Ruhe. Diese Ruhelosigkeit spürte auch ich. Ich gelangte nirgendwohin. Alle wollten etwas von mir, aber ich wollte nichts. Die Tage schienen sich endlos zu dehnen, so wie die Rolltreppe in der Bibliothek, die auch kein Ende nahm. Aber ich musste funktionieren. Meine Tochter in die Kinderkrippe bringen. Einkaufen. Schreiben. Tiere füttern.

Das Land lag bis zur nächsten Aussaat brach, und ich konnte mir nur schwer vorstellen, dass dort einmal Narzissen und Krokusse blühen würden, und als sie dann blühten, konnte ich mich auch für sie kaum begeistern. Es war, als wäre der Kontrast zwischen dem kargen Land und den leuchtenden, fröhlichen Narzissen zu groß, zu grell, zu ausgeprägt. Ich empfand diese

Disharmonie als ein persönliches Versagen. Ich brachte es nicht fertig, mich über die Dinge zu freuen. Einfache Dinge. Wollte ich sie nicht sehen? Ich wollte schon, aber es gelang mir nicht. Es war, als kehrte sich der Frühling gegen mich, auch wenn ich weiß, wie unsinnig das klingt.

Dieses Nichtwollen, dieses Nirgendwohingelangen hielt bis zum Sommer an. Erst als die Tage ruhiger wurden, wärmer, als das Laub der Bäume nur noch ganz leise raschelte, hatte sich auch mein Denken zu einem angenehmen Plätschern gewandelt. Ich bekam wieder Lust, Dinge zu unternehmen. Ich konnte mich sogar wieder auf etwas freuen. Und ich weiß noch genau, wie ich im Garten Akelei und Iris pflanzte, in der prallen Sonne, und wie ich von der Hitze plötzlich ganz schwindlig und benommen wurde. Ich ging ins Haus, um etwas zu essen – vielleicht hatte ich ja am Morgen nicht genug gegessen –, und als ich in der Speisekammer stand und eine halbe Packung Kekse hinunterschlang, dachte ich plötzlich: Das kann doch nicht sein! Aber es konnte. Ein paar Wochen später machte ich einen Test. Schwanger.

Heißluftballon

Der Hund der Nachbarn, ein Bouvier, schlägt an, als der Heißluftballon über unsere Polderstraße hinwegschwebt. Auch der junge Jack Russell der anderen Nachbarn bellt aufgeregt, und auf der Weide vollführen die Kühe in der Abenddämmerung Bocksprünge auf der Flucht vor diesem merkwürdigen Ballon, der von Gasflammen in der Luft gehalten wird. Die wolligen, bunten Texelschafe hoppeln in einer kleinen Herde davon und halten gleich darauf verwirrt inne, als könnten sie nicht begreifen, was sie hierhergebracht hat. Die Vögel flattern im Geäst der Bäume, auch sie verstört von diesem aufblasbaren Ding, das da auf sie zukommt. Nur wir Menschen sind fähig, naturfremde Objekte aufsteigen zu lassen.

Meine Töchter, die sich eben erst hingelegt haben, können beim Geräusch der Gasflammen nicht einschlafen. Wir holen sie in ihren Pyjamas aus den Betten, mein Mann hebt sie eine nach der anderen auf seine Schultern, und sie betrachten den rot-weißen Ballon und die Menschen in dem Korb, der daran hängt. Wir winken. Ob sie uns sehen?

Nur an fast windstillen Sommerabenden fliegt der Ballon über uns hinweg. Wie die Vögel nutzt er die Luftströmungen. An manchen Abenden kommen mehrere hintereinander und bilden einen kleinen Schwarm von drei, manchmal auch fünf Ballons. Sie fliegen in nordöstliche Richtung, denn dorthin weht hier der Wind fast immer. Im roten Abendlicht schweben sie tief über dem flachen Land dahin wie Zauberkugeln, die nicht in diese Landschaft gehören.

Vor einigen Jahren landete ein Heißluftballon auf dem Grundstück unseres (inzwischen verstorbenen) neunzigjährigen Nachbarn hinter den hohen Schwarzerlen. Die drei Pferde auf der nahen Weide galoppierten los. Der Ballon hing einen Moment über dem hohen Gras, als sei noch unklar, wo er landen sollte. Dann setzte der Korb mit einem Rumms auf, die Leute stiegen aus, und plötzlich liefen sie wie die Pferde verstört hin und her, als könnten sie nicht begreifen, wie der Wind sie hierhergebracht hatte.

Holländische Frösche

Als ich mit meiner jüngsten Tochter schwanger war, saß ich oft in dem Hängesessel aus Baumwollstoff und suchte Abkühlung unter den Bäumen, über mir das leise Rascheln der hohen Ulmen und Pappeln. Der einzige Ort, an dem hin und wieder eine kühle Brise aufkam. Es war Juli, Hochsommer, und ich konnte ohne Weiteres eine Stunde oder länger dort sitzen und meinen Gedanken nachhängen, vor mich hinschauen, die Füße in einer Wanne mit kaltem Wasser, auf der Stirn ein feuchtes Tuch. Ich hatte keinerlei Eile, die Schwangerschaft zwang mich zum Stillstand. Mein Bauch war riesig, und dabei hatte ich noch nicht einmal die Hälfte hinter mir. Schwer und schwerfällig war ich. Dicke Knöchel und Beine. Ächzen und Stöhnen ohne Ende.

Alle begegneten mir mit einer gewissen Vorsicht, das sehe ich noch deutlich vor mir. Wer auf mich zukam, ob mein Mann, die Nachbarn oder die Kinder, ließ mich einfach dort sitzen, als könnte ich im nächsten Moment tatsächlich aus allen Nähten platzen. Ein ähnlich vorsichtiges Verhalten kann man auch in Rinderherden beobachten, wenn eine trächtige Kuh abseits auf der Weide liegt und von den anderen wohlweislich in Ruhe gelassen wird.

Ich war auch nicht gerade gesprächig. Außerdem setzte mir die Hitze zu.

Ich bin an kalte, regnerische holländische Sommer gewöhnt. An Nieselregen, an Kumuluswolken, die von allen Seiten heranziehen und sich gleich darauf in nichts auflösen oder ihre Schatten auf das Grasland werfen. Nicht ohne Grund schauen wir ständig nach oben, denn so ein holländischer Sommertag ist äußerst unzuverlässig und verändert sich fortwährend. Als Kind hat mich das nicht weiter gekümmert; wenn Sommer war, war Sommer, und fertig. Auch wenn das Thermometer kaum über zwanzig Grad stieg. Ich bibberte vor Kälte in meinem grünen Badeanzug. In den Sommerferien ging ich mit anderen Kindern aus der Nachbarschaft fast täglich schwimmen, und ich glaube nicht, dass eine etwas zu kühle Sommerbrise oder ein paar Kumuluswolken uns je davon abhielten, ins Wasser zu springen.

Kaltblütige Kinder waren wir, gewöhnt an die unberechenbaren Winde über Feldern und Deichen: Sonne, graue Schleier, drohende Schauer. Es gehörte einfach dazu, dieses Unvorhersehbare, es machte die Sache sogar spannend, denn man wusste nie, woran man war. Und wenn die Sonne kräftig schien, genoss man die Wärme umso mehr, weil es damit jeden Moment wieder vorbei sein konnte. Das ständige Kommen und Gehen am Himmel war der beste Lehrmeister für die Launenhaftigkeit des Lebens.

Wir schwammen in Kanälen und Seen. Von einer hohen Brücke über den Ringkanal sprangen wir ins Wasser. Wir trafen uns dort in unseren Badesachen, einer passte auf, ob auch kein Boot kam, und wenn er »Los!« rief, sprangen wir aus einer langen Schlange bleicher, bibbernder Gestalten einer nach dem anderen ins kalte Wasser des Kanals; Frösche, die geschmeidig untertauchten. Man sah fast nichts im dunklen, trüben Wasser. Prustend kamen wir wieder hoch, schwammen ans Ufer und krabbelten auf Knien und Ellenbogen die glitschige Böschung hinauf, stiegen über die umgeknickten Schilfhalme, liefen barfuß durchs Gras zurück und stellten uns auf der Brücke wieder an, um von Neuem zu springen. Wir waren halb Mensch, halb Fisch und rochen nach Gras, Klei und Grabenwasser.

Stundenlang konnten wir das machen.

Kinder, die in den Bergen leben, lernen, über hohe Felsen und steile Hänge zu klettern, wir Holländer lernen schon früh schwimmen. In einem Land mit so viel Wasser, mit Gräben und Kanälen allenthalben bekommen wir mit fünf Jahren Schwimmunterricht, bis unsere Beine stark genug sind fürs Freiwasser. Vielleicht deshalb beschrieben die Brüder Goncourt die Holländer als »Männer und Frauen, die hässlich sind, nicht in menschlicher Manier, sondern wie Fische, mit Fischaugen und Fischköpfen, einer Gesichtsfarbe wie Trockenfisch; sie erinnern an Robben und Frösche.«

Heute sind unsere holländischen Sommer nicht mehr so kalt und regnerisch. Manche vermuten sogar, dass sie aufgrund des Klimawandels einen zunehmend mediterranen Charakter annehmen werden. Heiß und trocken. Stille Tage mit zirpenden Grillen in Sträuchern und Bäumen. Wie auch immer – in meiner dritten Schwangerschaft konnte ich mich einfach nicht an die Hitze gewöhnen. Ein dicker Bauch und ein niedriger Blutdruck sind da auch nicht eben förderlich, aber, so dachte ich damals, es muss doch etwas geben, das sich durch das Klima, in dem wir aufwachsen, in unserer Konstitution festsetzt. Die kühlen Sommer und die regenreichen Winter dieses Sumpflandes. Das Schwimmen in den trüben Seen. Das muss doch einen Einfluss auf die Wärmeregulation haben. Auf die Hitzeresistenz. Und so ist es tatsächlich: Menschen aus kälteren Gegenden werden größer, Menschen aus wärmeren Gegenden bleiben kleiner. Bei Kälte ist ein großer Körper günstiger: Je kleiner die Körperoberfläche im Verhältnis zum Volumen ist, desto weniger Wärme geht verloren.

Sind die Menschen im Norden deshalb so groß? Die Niederländer gehören sogar zu den größten Völkern der Welt. Nicht nur der Kälte wegen, scheint mir. Andere Wissenschaftler sehen den Grund in der natürlichen Auslese: Größere Männer bekommen mehr Kinder als Männer von durchschnittlicher Körpergröße. Und sie bekommen nicht nur mehr Kinder, die Überlebenschancen von Kindern größerer Eltern sind auch etwas höher, was sich wiederum positiv auf die Weitergabe der Gene auswirkt.

Und all die groß gewachsenen holländischen Frösche stehen viele Jahre später auf der Brücke und warten darauf, ins kalte Wasser springen zu können.

Mir schien es jedenfalls das Beste, mich im kühlen Schatten der Bäume aufzuhalten. An Kälte bin ich gewöhnt, und dem kleinen Wesen in meinem Bauch tat das bestimmt gut. Vielleicht blieb das mediterrane Klima ja auch aus, und dann war sie (wir wussten inzwischen, dass es ein Mädchen war) mit unseren kühlen Sommern gut bedient. Besser, sie gewöhnte sich schon mal daran.

Fallen

Mein Bruder ging an einem vollkommen windstillen Tag aus dem Leben. Es war Pfingsten, und mein Vater holte mich frühmorgens aus dem Bett. Das tat er sonst nie. Er stand eine Weile stumm da, den Blick nachdenklich auf mich gerichtet, als sei er sich plötzlich nicht mehr sicher, ob er mich aus der Geborgenheit meines lilafarbenen Mädchenzimmers mit dem lila Moskitonetz, der lila Bettdecke und den leuchtenden Gestirnen an der Zimmerdecke herausreißen sollte. Die Jalousie war noch geschlossen, nur ein schmaler Lichtstreifen fiel auf meinen hölzernen Schreibtisch, der von Schulheften und Büchern – Wolkers, Bernlef, Dorrestein und Noteboom – bedeckt war, einem Wust von CDs und Stiften, dem Federmäppchen mit den daraufgekritzelten Namen meiner Klassenkameraden und dem Kalender – für mich ein Tagebuch, in das ich Geschichten, Songtexte und Gedichtzeilen über erste Lieben schrieb.

Durchs offene Fenster drang das Gurren der Tauben herein. Mein Vater stand eine Weile in der Reglosigkeit des Zimmers, in diesem Dämmerzustand, in dem die Zeit leicht stehen bleiben kann, dann gab er sich einen Ruck und sagte: »Komm mal mit.« Ich lag auf der linken Seite, das Bett war noch warm und weich, und ich musste geträumt haben, aber ich würde niemals wissen, was. Mein Vater half mir in den Morgenmantel; auch das tat er sonst nie. Zwei ungewohnte Gesten hintereinander – jetzt war ich alarmiert. Barfuß folgte ich ihm die Treppe hinunter.

Noch hätte ich umkehren können.

Dann hätte ich die beiden Männer im schwarzen Anzug nicht gesehen, die mit verschränkten Armen in unserem Wohnzimmer standen, starr wie Statuen eines angekündigten Todes, und auch meine Mutter nicht, die zusammengesunken auf dem Sofa saß, vom Kummer übermannt, Wangen und Augen rot vom Weinen. Mein Bruder war in der Nacht vom Dach der Klinik gesprungen, vier Stockwerke tief.

Der Himmel war das Letzte, was er sah.

Er muss dort auf dem Dach gestanden haben, unter dem schwarzen Himmel, im sanften Wind, den kühlen Hauch an Gesicht und Hals. Er muss auf die Stadt hinabgeblickt haben, auf die laternenerleuchteten Straßen, die menschenleeren Wege und die Bäume im Stadtpark, wie schwarze Flecke, dann und wann ein vorbeifahrendes Auto. Vielleicht begann es im Osten sogar schon hell zu werden. Wie lange mag er dort gestanden haben? Ein paar Minuten, eine halbe Stunde?

Jetzt, so viele Jahre später, denke ich, dass es einen Moment gab, in dem er den Entschluss fasste. Ich werde nie wissen, woran er dachte, ob er bei klarem Verstand oder ob er verwirrt war, ob er einer Weisung der Dämonen, der Stimmen in seinem Kopf, folgte. Er muss einen Fuß vor den anderen gesetzt und seinen Oberkörper nach vorn geneigt haben, bis er den Boden nicht mehr unter seinen Füßen spürte, bis er nur noch schweben konnte. Fallen. Durch die Luft, durch den nächtlichen Himmel.

Eine Woche zuvor hatte mein Bruder Geburtstag gehabt, den zweiundzwanzigsten. Ich hatte ihm eine CD der Cardigans geschenkt, und wir hatten im Aufenthaltsraum der Klinik zusammen an einem Tisch gesessen, den Discman zwischen uns, jeder mit einem Hörer im Ohr. Kuchen gab es nicht, nur Kaffee und Tee. Die Luft in den Fluren war stickig. Ich war drei Tage zuvor achtzehn geworden. Unsere ganze Jugend hindurch hatten wir gemeinsam Geburtstag gefeiert. Es war der Höhepunkt des Jahres gewesen. Trotz der Wirrnis seiner Schizophrenie hatte er ein Geschenk für mich besorgt: grüne Socken mit einem Strichcode darauf, aus dem Klinikshop. Ich habe die Socken noch heute, trage sie aber nie.

Über ein Jahr zuvor war mein Bruder in die psychiatrische Klinik von Alkmaar aufgenommen worden. Während der Besuchszeiten ging ich manchmal mit ihm im Wildpark De Hout spazieren, wusste dann aber kaum etwas zu reden, dabei hatten wir uns früher immer tausend Dinge zu erzählen gehabt. Ich fürchtete, etwas Falsches zu sagen, ihn irgendwie zu provozieren, denn wenn er wütend wurde, war das extrem beängstigend. Wenn er mich umarmte (was nicht oft vorkam), fuhr er mir mit der Faust über den Rücken.

Die Folge war, dass ich den Mund nicht aufbekam. Ich vermochte nichts zu sagen, wagte es nicht, aus Angst, unser Spaziergang durch den Wildpark könnte schlagartig zu Ende sein. Aber ich ging gern einfach nur neben ihm her, so als wäre alles wieder ein bisschen normal. Als wäre er kein Patient. Als bekäme ich ihn damit wieder ein wenig zurück. Den ganzen Weg über begleitete uns sein nervöses Räuspern. Er hatte den Kopf voller abstruser Vorstellungen von Geheimdiensten, von Menschen, die ihn beobachteten und verfolgten, von Stimmen, die ihm von morgens bis abends alles Mögliche einredeten. Er fühlte sich bedroht von Männern in Anzügen, die übers Dach liefen, davon sprach er häufig, und im Nachhinein kommt mir das vor wie eine düstere Prophezeiung seines nahenden Todes. Unterdessen versuchte ich, über dies und das zu reden. Wir leisteten einander Gesellschaft, jeder in seiner eigenen unergründlichen Welt.

An dem bewussten Tag an Pfingsten saß ich abends im Garten. Es dämmerte schon, der Himmel über unserem Haus färbte sich rosa und violett, und alles war sanft und friedlich. Erst da wurde mir bewusst, dass dies der erste Tag war, an dem mein Bruder die Dämmerung nicht mehr sah. Dass noch so viele Jahre und so viele Dämmerungen folgen würden und dass er sie alle nicht sehen würde.

Einige Wochen vergingen nach der Beerdigung, einige Monate, dann musste jeder in der Familie wieder seinen Weg finden. Eigentlich ist mir nicht viel aus dieser ganzen Zeit in Erinnerung geblieben. Nur, dass schon bald Sommerferien waren. Ich hatte einen Job in einem Campingladen und saß mit dem Chef an einem kleinen Plastiktisch in einem Wohnwagen mit ausgeklapptem Vordach beim Mittagessen, und während ich mich mit ihm unterhielt, versuchte ich die ganze Zeit, den Kloß in meinem Hals hinunterzuschlucken. Am Ende meines ersten Arbeitstages kündigte ich und fing dann doch noch an zu weinen.

Von Zeit zu Zeit besuchten wir gemeinsam das Grab meines Bruders. Ich fand es schrecklich, an einem schönen, sonnigen Tag über den Friedhof zu gehen, als machten wir einen netten Familienausflug, und mein Bruder konnte nicht dabei sein, weil er dort unter dem Stein lag! Ein paarmal bin ich, glaube ich, einfach weggerannt. Ich nahm mein Rad und fuhr los, quer durch Wiesen und Weiden zu meinem Freund, der in einem Dorf einige Kilometer entfernt wohnte. Ich wollte keine Menschen um mich haben, keine Häuser, keine Wohnsiedlungen. Das Einzige, was ich noch halbwegs erträglich fand, waren die weiten Ackerflächen und die starren Blicke der Kühe, die in kleinen Gruppen am Grabenrand grasten. Diese langen Radfahrten halfen mir, zu einer gewissen Ruhe zurückzufinden. Über das Geschehene zu sprechen war schwieriger, und das haben mein Vater und ich irgendwie gemeinsam; auch er macht vieles mit sich selbst aus. Meine Mutter dagegen redet pausenlos. Nichts tut sie lieber.

Dreiundzwanzig Jahre später wächst am Grab ein großer pfirsichfarbener Rosenstrauch, der noch aus dem Garten meines Großvaters stammt. Er hat seine Rosen, die an der Hauswand hochkletterten, mit viel Geduld gepflegt und im Lauf seines Lebens eine ganze Sammlung angelegt, eine Blüte so makellos, so leuchtend und gesund wie die andere. Die Rosen am Grab meines Bruders halten sich auch schon sehr lange. Sie blühen im Halbschatten unter den hohen Bäumen. Manchmal gehe ich mit meinen Töchtern dorthin, und dann spielen die drei zwischen den Grabsteinen Verstecken, laufen mit der Gießkanne hin und her und kabbeln sich darum, wer zuerst die Blumen gießen darf; sie nennen meinen Bruder ihren lieben Onkel und küssen den Stein, auf dem in zierlichen Lettern sein Name steht.

Einmal habe ich Mut gefasst und meinen Vater gefragt, wie er mit dem Verlust umgehe. Er saß nur da, die tiefbraunen Augen hinter den Brillengläsern nachdenklich zu Boden gerichtet, als würde er in der Zeit zurückschauen und einen Blick auf seine Kinder erhaschen, die im Garten zusammen spielten und im klaren Abendlicht hintereinander herliefen … Schließlich sah er auf und sagte: »Ich fahre Rad, gegen den Wind, und ich rede mit deinem Bruder.«

Auf, in die Welt hinaus

Die Setzlinge können jeden Tag ein bisschen länger ins Freie. Ich trage die Kiste mit den Jungpflanzen morgens hinaus und stelle sie in einen sonnen- und windgeschützten Winkel des Gartens, wo sie sich langsam ans Licht gewöhnen können: die zarten Gurken- und Tomatenpflanzen mit ihren drei, vier Seitentrieben, die staksigen Brokkoli, die Schmucklilien mit den bräunlichen Samenkapseln und die Moschus-Malve, jede Pflanze im eigenen Töpfchen. Jetzt stehen sie nicht mehr warm hinter der Scheibe auf der Fensterbank, wie Inkubatorbabys in der Sonne brütend. Sie müssen sich »abhärten« – ein schreckliches Wort.

Auf, in die Welt hinaus!

Schwach und schlaksig, wie sie sind, versuchen sie dennoch, sich aufrecht zu halten, und in genau dieser Haltung haben unsere drei Kinder heute Morgen das Haus verlassen, stolz und zart, die Rucksäcke geschultert, die Haare zu Zöpfen geflochten, die Schuhe glänzend poliert. Wir radelten hintereinander die Polderstraße entlang, und bald lenkte ein Fasan sie ab, der strammen Schrittes die Straße überquerte und sich weigerte, uns Platz zu machen, bald eine Schwanenfamilie, deren Küken im grauen Daunenkleid unter der souveränen Führung der Mutter vorsichtig in den Graben hinabwatschelten. Man muss sie im Auge behalten, schien die Mutter zu denken, ungefähr so, wie ich die Älteste im Auge behielt, die schlingernd vor mir herfuhr. Sie drehte den Kopf Richtung Osten, wo auf dem Deich ein Brachvogel seine lang gezogenen Triller sang.

»Hörst du das?«, fragte sie.

»Halt den Lenker ruhig!«, rief ich.

Die Mittlere neben mir fuhr trotz aller Ablenkung unbeirrt geradeaus und ließ sich, ganz wie es ihrer ruhigen, besonnenen Art entsprach, nicht aus dem Konzept bringen. An manchen Tagen, wenn ich sie lange genug betrachte, überkommt mich die gleiche Ruhe, so als läge das Leben ausgewogen in unseren Händen.

Die Jüngste im Kindersitz hinter mir sagte gar nichts, bis wir an der Schule angelangt waren. Erst dann plapperte sie los.

Ich weiß, dass der Tag kommt, an dem die drei ohne mich über die Polderstraße radeln werden. An dem sie ohne mich ihren Kurs bestimmen werden und mich nicht mehr auf die Blüten des lila Flieders aufmerksam machen können, auf den Sonnenaufgang oder die Schwalben, die im Stall ein und aus fliegen und Insekten aus der Luft picken. Sie werden sich selbst in Acht nehmen müssen vor Glatteis, vorbeirasenden Transportern, den glitschigen Matschklumpen, die die Traktoren auf der Fahrbahn hinterlassen. Niemand wird sie vor Rückenwinden warnen, die sie ohne Weiteres umpusten können, niemand wird sie auffordern, die Füße fest auf den Pedalen und doch bitte den Lenker gerade zu halten …

Bis dahin bewegen sie sich in meinem Windschatten.

Während sie in der Schule sind, lege ich im Gemüsegarten ein schönes Beet für die ersten Stecklinge an. Die Tomatenpflanzen. Die dürfen nach den Eisheiligen in den Boden. Auf dem angrenzenden Acker pflügt ein Traktor gleichmäßig die Erde um. Sie ist noch knochentrocken und hat verdammt viel Ähnlichkeit mit einer afrikanischen Steppe, die ich mit Hacke und Grabgabel bearbeite. Ich mache mir Sorgen. Sind die jungen Pflanzen kräftig genug? Werden sie dem nächsten Südweststurm standhalten?

Seit mehreren Jahren trocknet der Boden in den Sommermonaten immer mehr aus; in den letzten beiden Jahren hat es ab März kaum mehr als ein paar

Tropfen geregnet. Durch den Klimawandel werden die Extreme weiter zunehmen, so die Prognosen, und das bedeutet heiße, trockene Sommer, in denen man kaum den Spaten in die Erde bekommt, während man im Winter bis zu den Knöcheln im Matsch versinkt. Es kann einem schwindlig werden, wenn man länger über die paar Grad Temperaturanstieg und ihre Folgen für den Boden und den Verlauf der Jahreszeiten nachdenkt – mehr Stürme, wiederkehrende Starkregen. Wird der Meeresspiegel wirklich so stark ansteigen? Und die Tausende Hektar holländisches Polderland, das entwässert werden muss, die Deiche, die verstärkt und erhöht werden müssen, die Energie und das Geld, das es uns kostet, unser Land trocken zu halten. Wie viel Wasser können wir noch abwehren? Wird die schöne Eiche, die doch mindestens fünfhundert Jahre alt werden kann, noch lange auf unserer Pferdekoppel oder bald mit den Füßen im Wasser stehen? Ganz zu schweigen von unserem Haus. Müssen wir das Polderland irgendwann für immer ans Meer zurückgeben?

Ich setze alle Tomatenpflanzen mit den Wurzeln fest in die Erde, wässere sie und verteile Kompost um sie herum. Ich gebe ihnen Dünger für die ganze Saison. Viel mehr kann ich heute nicht tun.

Am Ende des Nachmittags hole ich meine Töchter von der Schule ab. Unsere Jüngste wartet schon am Zaun, weinend, blass, mit hängenden Schultern, die

Zöpfe halb gelöst. Mit ihren knapp vier Jahren kann sie sich – sensibel, wie sie ist – nur schwer an den Schulalltag gewöhnen. In der prallen Sonne auf dem windigen Schulhof schlingt sie die Ärmchen um mich: »Ich hab dich vermisst, Mama.«

Zu Hause trinken wir an einem windgeschützten Platz im Garten Limonade.

Anmerkung

Einzelne Teile dieses Buches wurden bereits in diversen Zeitungen und Zeitschriften veröffentlicht. Passagen aus dem Kapitel »Kontrolle« erschienen in dem Artikel »Eén worden met de natuur is hard werken« (»Eins werden mit der Natur ist harte Arbeit«) in der Wochenendbeilage des *NRC* (*Nieuw Rotterdams Courant*). Das Kapitel »Heißluftballon« erschien in abgewandelter Form im *Seasons Magazine*, und Teile des Kapitels »Auf, in die Welt hinaus« waren bereits in meiner Kolumne im Magazin *Tijdgeest* der Tageszeitung *Trouw* zu lesen.

Besonderer Dank gilt meinem Manager Oscar van Gelderen und meiner Literaturagentin Lisette Verhagen fürs Mitlesen und die Begleitung beim Zustandekommen dieses Buches. Willemijn Tillmans und Elik Lettinga haben den Text redigiert. Rob van Rossum hat das Ganze glatt geschliffen. Loek Buter hat an mich geglaubt, und meine Töchter haben mir die Augen geöffnet.

Bibliografie

Aristoteles: *Der Protreptikos des Aristoteles,* Übers. v. Ingemar Düring, Frankfurt am Main 2013.

Burke, Edmund: *Philosophische Untersuchung über den Ursprung unserer Ideen vom Erhabenen und Schönen,* Übers. v. Friedrich Bassenge, Hamburg 1980.

Claudel, Paul: *Vom Wesen der holländischen Malerei,* Berlin und Frankfurt am Main 1954.

Didion, Joan: *The Paris Review, The Art of Fiction No. 71*, Issue no. 74, Fall-Winter 1978.

Eliot, T. S.: »The Waste Land«, in: *Collected Poems: 1909–1962*, New York 1991.

Flaubert, Gustave: *Die Briefe an Louise Colet*, Übers. v. Cornelia Hasting, Zürich 1995.

Gogh, Vincent van: *Briefe an seinen Bruder*, hrsg. v. Johanna van Gogh-Bonger, Bd. 1, Frankfurt am Main 1988.

Gogh, Vincent van: *Van Gogh Museum, Brieven van Vincent van Gogh*, Den Haag 1982.

Goncourt, Edmond de: *Journal*, Übers. v. Petra-Susanne Räbel und Cornelia Hasting, Leipzig 2013.

Meershoek, Patrick: »Altijd gedonder bij versterking Waterlandse Zeedijk«, *Het Parool*, 31. Januar 2021.

Met het Oog op Morgen, »De watersnoodramp van '53 door de ogen van een meteoroloog«, *NOS*, 29. Januar 2023.

Mieras, Mark: »Geniale kunstenaars met een milde vorm van gekte«, *De Volkskrant*, 25. September 2010.

Nescio: *Der Schnorrer*, Übers. v. Christiane Kuby, in: *Werke*, Berlin 2016.

Roemers Visscher, Maria Tesselschade: *Een onwaerdeerlycke vrouw. Brieven en verzen van en aan Maria Tesselschade*, 1918, Literatuurgeschiedenis.org.

Rousseau, Jean-Jacques: *Abhandlung über den Ursprung und die Grundlagen der Ungleichheit unter den Menschen*, Übers. u. hrsg. v. Philipp Rippel, Ditzingen 2023.

Schama, Simon: *Überfluss und schöner Schein. Zur Kultur der Niederlande im Goldenen Zeitalter*, München 1988.

Schiller, Friedrich: *Über die ästhetische Erziehung des Menschen in einer Reihe von Briefen*, hrsg. v. Gideon Stiening, Berlin 2019.

Schopenhauer, Arthur: *Aphorismen zur Lebensweisheit*, Zürich 2010.

Shaffy, Ramses: »Sammy«/»5 uur«, *Album: Ramses II*, Philips, 1966.

Shorto, Russell: *Amsterdam: A History of the World's Most Liberal City*, London 2014.

Steinbeck, John, *Jenseits von Eden*, Übers. v. Harry Kahn, München 2021.

Thoreau, Henry David: *Vom Wandern*, Übers. v. Heiner Feldhoff, Zürich 2022.

Vasalis, M.: *Verzamelde gedichten*, Amsterdam 2015.

Zweig, Stefan: *Die Welt von gestern*, hrsg. v. Oliver Matuschek, Frankfurt am Main 2017.

Die Übersetzung dieses Buches wurde von der niederländischen Stiftung für Literatur gefördert.

Nederlands letterenfonds
dutch foundation
for literature

Die Übersetzung dieses Buches wurde mit Mitteln des Ministeriums für Wissenschaft, Forschung und Kunst Baden-Württemberg gefördert, vergeben durch den Freundeskreis zur Förderung literarischer und wissenschaftlicher Übersetzungen.

Die Arbeit der Übersetzerin am vorliegenden Text wurde vom Deutschen Übersetzerfonds gefördert.